Vera Schneevoigt
mit Vera Hermes

WIR KÖNNEN ZUKUNFT

Vera Schneevoigt
mit Vera Hermes

WIR KÖNNEN ZUKUNFT

Meine Impulse zu Führung, Wandel und Vielfalt

Haufe Group
Freiburg · München · Stuttgart

Für meine Mutter Else Fuchs, meine Schwiegermutter Gerlinde Schneevoigt sowie meine Großmutter Klara Fuchs – Frauen und Mütter aus Generationen, die ein sehr bewegtes und schwieriges Leben haben und hatten und doch immer zuversichtlich in die Zukunft blickten.

INHALT

VORWORT

von Dana Aleff

Die folgenden Zeilen kommen aus tiefem Herzen für eine Frau, die ich als Person und auch für ihr Werk unfassbar schätze. Hunderte Gedanken sind in meinen Kopf, wenn ich über Vera nachdenke, die ich in diesem Vorwort nur als Kurzfassung teilen kann. Den umfassenden Blick auf Vera finden Sie ja Gott sei Dank im Buch, das vor Ihnen liegt.

Vera ist eine der authentischsten Persönlichkeiten, die ich kenne, jemand, der sich niemals auch nur eine Sekunde hat verbiegen lassen. Und ihre Geschichten? Die sind spannender als die meisten Krimis, am besten von ihr selbst erzählt in ihrer eigenen Art, schöner und lustiger als ein Abend mit einer gelungenen Komödie.

Das erste Mal trafen Vera und ich uns in Frankfurt und spätestens bei unserem ersten Telefonat spürten wir, dass es eine magische Verbindung zwischen uns gibt. Es gibt diesen siebten Sinn zwischen Menschen, der in der Arbeitswelt leider lange völlig ignoriert wurde. Meine Schwester hatte mir vor Ewigkeiten ermahnend geraten, ich solle immer auf meinen Bauch hören. Der Bauch sei das zweite Gehirn, dies solle ich niemals unterschätzen. Genau diese Funktion des Bauchs als zweites Gehirn hat dazu geführt, dass es »Klick« gemacht hat, als ich Vera traf.

Ich kann nicht richtig in Worte fassen, was es bei Vera ist, was ihre Führung und ihre Art und Weise, Menschen zu helfen, so besonders macht. Wahrscheinlich genau die ausgefallene Kombination von einem Handeln aus tiefem Herzen zusammen mit dem, was ich als »kleine Mrs. Marple« beschreiben würde: pfiffig, bestimmt und echt.

Manch einer aus Veras Umfeld mag lachen, wenn ich von ihr als »geerdet« spreche, weil »geerdet« im Sinne von tiefenentspannt und Vera doch manchmal zwei unterschiedliche Dinge sind ... Eine gesunde Ungeduld, etwas Gutes zu bewegen, bringt es vielleicht besser auf den Punkt. Auch wenn ich viele ihrer Geschichten von damals nur aus Erzählungen kenne, weiß ich mit Sicherheit, dass sie immer ihrem inneren Kompass treu geblieben ist. In der Welt, die ist, wie sie ist, ist doch eine der wundervollsten Eigenschaften des Menschen das Authentische, oder?

Ich selbst bin keine Feministin und doch wünsche ich mir so sehr, dass mehr und mehr Frauen von Vera erfahren und dieses Buch lesen. Insbesondere, weil sie so vielen von uns das wunderbarste Vorbild sein kann. Eine Frau, die alle Widerstände in den von Männern dominierten Führungsetagen gelassen hinnahm und, ohne sich beirren zu lassen, bei sich blieb. Sie hat die Männer nie nachmachen wollen, nie versucht, so wie sie zu sein, sondern einfach – ohne langes, nicht zielführendes Beschweren – einen Schritt nach dem anderen nach vorne gesetzt. Und erfreulicherweise realisierte sie recht früh, dass Ruhigsein und mittelmäßiges Schweigen zu überhaupt nichts führt. Und dass es völlig in Ordnung ist, wenn man nicht jeder Person gefällt.

Aus Veras Selbstverständnis und Bescheidenheit heraus wäre dieses Buch nie entstanden und so bin ich froh, dass man sie davon überzeugen konnte, sodass die Welt von ihr und ihrem Weg erfahren kann. Ich bin dankbar für die wundervolle Vera Hermes, mit der zusammen sie es geschrieben hat, und die so wertvoll für Vera und das Buch war und ist.

Ich weiß, Vera hätte ihre Mitarbeit an dem Buch jederzeit beendet, wenn man ihre Aussagen verbogen hätte. Nun aber lesen Sie ein Buch, das wundervoll und lehrreich zugleich ist: über eine besondere Persönlichkeit und ihre Erlebnisse. Ich bin froh, dass beides endlich in Textform festgehalten wurde.

Wissen Sie, es gibt so viel Unschönes auf dieser Welt, so viele Konflikte, dabei fehlt es oft nur an Achtsamkeit und Mut und an dem Prinzip, erst zu geben und dann zu nehmen, mit Mitgefühl und purer guter Intention – ganz wie bei Vera. Wie wär's?

Liebe Vera, es ist mir eine Ehre, für dich diese Zeilen hier niederschreiben zu dürfen, und auch wenn Worte manche Magie niemals beschreiben können, so hoffe ich doch, dass viele weitere Menschen daran teilhaben können.

In tiefer Verbundenheit
Deine Dana.

Dana Aleff ist Maschinenbauingenieurin und hat mehrere Jahre in der Forschung gearbeitet. Sie ist Gründerin und Geschäftsführerin der Circonomit GmbH, einem Unternehmen, das die Verbindungen zwischen ökologischen und ökonomischen Zielen mittels einer Softwareanwendung greifbar macht. Mit Vera Schneevoigt verbindet Dana Aleff seit einigen Jahren eine sehr herzliche Freundschaft.

EIN PAAR WORTE VORAB

... ODER: WARUM ES DIESES BUCH GIBT

Um es Ihnen gleich zu sagen: Das hier war in meinem Leben nicht vorgesehen. Wer braucht schließlich noch ein Buch? Wie diese Meetings, die nie zu enden scheinen, bis nicht jede und jeder seinen Senf dazugegeben hat, gibt es heute eine schier unübersehbare Vielzahl von Büchern darüber, wie sich Menschen am besten führen lassen, wie wir gut durch diese turbulenten Zeiten kommen oder wie mit dem Wandel in der Arbeitswelt umzugehen ist. Und jetzt komme ich und lege auf diesen hohen Bücherstapel noch ein weiteres drauf. Es ist mir schon oft passiert, dass ich Sachen mache, die ich eigentlich nie tun wollte und an denen ich dann eine große Freude entwickele.

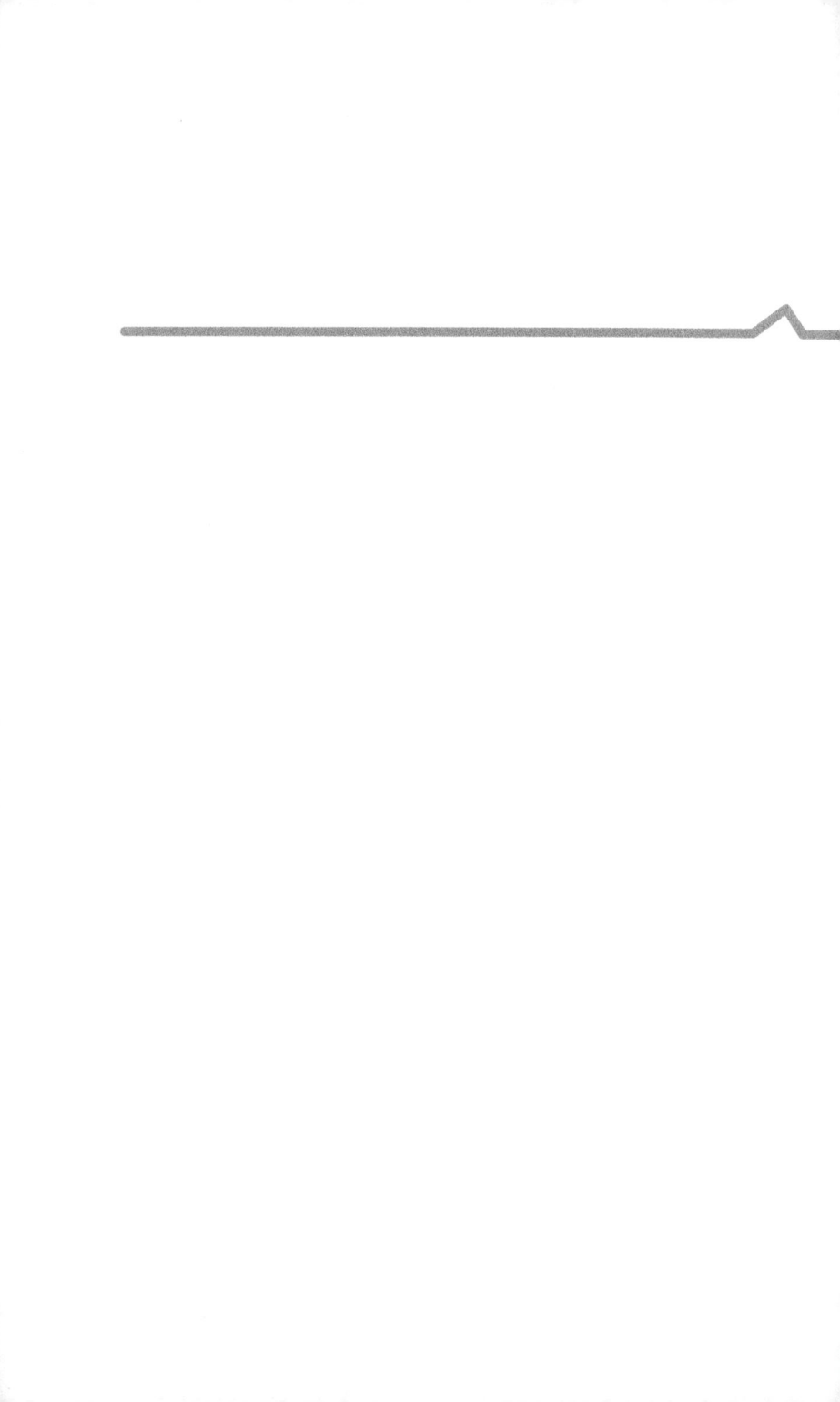

Warum nun also dieses Buch? Wegen des Titels! Das Thema »Wir können Zukunft« hat mich gereizt. Ich möchte von dem, was ich erlebt habe, das an Sie weitergeben, von dem ich hoffe, dass es Sie interessiert. Dieses Buch soll aber keine Autobiografie sein. Stattdessen möchte ich Ihnen gerne Impulse geben. Nicht, dass ich alles besser weiß – aber ich kann davon berichten, was in meiner Karriere als Managerin gut und was weniger gut funktioniert hat. Ich würde Sie sehr gerne auf andere Ideen bringen und Diskussionen anstoßen. Außerdem wollte ich mich nach meinem Abschied aus der Führungsposition nicht darüber grämen, dass ich langsam, aber sicher alt werde, sondern habe mich gefragt, was ich mit all meinen gesammelten Erfahrungen denn noch so machen kann. Also zum Beispiel: dieses Buch.

Ich glaube fest daran, dass wir eine gute Zukunft vor uns haben, wenn wir sie in die Hand nehmen. Sie fliegt uns nicht zu, der Weg zu ihr wird vermutlich ziemlich anstrengend, und bloß mit Beobachten, Nörgeln und Fürchten ist sie nicht zu bekommen, unsere gute Zukunft. Aber sie ist möglich. Mein erster Chef neigte dazu, bestimmte Sätze immer und immer zu wiederholen. Als ich ihn irgendwann etwas genervt darauf hinwies, meinte er: »Redundanz schafft Sicherheit.« Der Mann hat Recht und deshalb werden Sie es in diesem Buch auch wieder und wieder lesen: Wir können Zukunft.

Zugegeben: Es ist gerade nicht so einfach, optimistisch zu sein. Angesichts von Krisen, Kriegen, Klimawandel und zudem auch noch politischen Kräften, die versuchen, unsere Gesellschaft zu spalten, ist es völlig normal, dass wir im Moment ein bisschen straucheln. Es herrscht viel Veränderung von außen, auf die wir keinen oder kaum Einfluss haben. All das will ich gar nicht schönreden. Im Rückblick allerdings haben die Generationen vor uns deutlich härtere Zeiten erlebt – manche, wie mein im Jahr 1900 geborener Großvater, mussten zwei Weltkriege mitmachen. Und irgendwie ist das Leben auch für sie weitergegangen. Außerdem ist es ja nicht so, dass die heute bereits älteren Menschen nicht schon mit vielen Veränderungen klargekommen wären – von der Digitalisierung über die Wiedervereinigung bis hin zu einer globalisierten Wirtschaft.

Ich bin überzeugt, dass unsere Zukunft mit gebündelten Kräften und einer großen Portion Gemeinsinn gut werden kann. Wir sind mehr gut ausgebildete Menschen auf diesem Planeten als je zuvor. Wenn sich viele verschiedene Menschen mit einem gemeinsamen Ziel zusammentun, lassen sich Projekte ins Positive drehen, auf die vorher niemand mehr gewettet hätte – das habe ich im Laufe meines Berufslebens und auch im Ehrenamt oft erlebt.

Meine tiefste Überzeugung ist: Wir müssen neugierig, offen und lernwillig sein, wenn wir eine gute Zukunft haben wollen. Der Schlüssel dafür, dass es vielen Menschen gut oder besser als früher geht, liegt in der Bildung. Dazuzulernen ist keine Frage des Alters und auch keine Frage der Position in einem Unternehmen oder in der Gesellschaft. Es gibt immer Möglichkeiten, teilzuhaben. Der Zugang zu Wissen war noch nie so einfach wie heute.

Das Wichtigste ist: Wir sollten nicht gegeneinander denken und arbeiten, sondern miteinander. Das gilt auch mit Blick auf den Erhalt unserer Demokratie, in der es darauf ankommt, dass sich alle engagieren. Dieses Buch ist mein Appell an Sie, sich für unser Gemeinwohl einzusetzen. Und zwar nicht nur, weil das anderen hilft, sondern auch, weil es glücklich macht.

Ich jedenfalls habe durch ein Ehrenamt eine Wahlfamilie gewonnen: Mein Mann Thomas und ich haben uns 2015 mit vielen anderen Menschen dafür eingesetzt, Flüchtlingen ihr Ankommen und die Integration zu erleichtern. Im Zuge dessen lernten wir die beiden damals noch minderjährigen Brüder Ahmad und Mohamad aus Syrien kennen. Wir hatten regelmäßig Kontakt und beschlossen im Februar 2016 gemeinsam, eine Pflegefamilie zu gründen. Das war für alle Beteiligten zwar nicht immer einfach, aber ein großer Gewinn für unser Leben. Ahmad beendet gerade erfolgreich seine Ausbildung, sein Bruder Mohamad ist Anfang 2024 nach Dubai ausgewandert, wo er ein eigenes Unternehmen gegründet hat, das sich mit Renovierungen beschäftigen wird. Beide haben mittlerweile die deutsche Staatsbürgerschaft. Diese Pflegeelternschaft war, glaube ich, das Lohnenswerteste, was Thomas und ich jemals gemacht haben. Geflüchteten Menschen einen guten Weg zu zeigen, wie sie sich in unsere Gesellschaft einbringen können, halte ich für zukunftsentscheidend. Sie müssen dabei nicht ihre Identität aufgeben, wohl aber die neuralgischen Punkte unseres Zusammenlebens kennen und akzeptieren. Menschen während der Integration zu begleiten und ihnen eine gute Bildung zukommen zu lassen, ist eine drängende gesellschaftliche Herausforderung. Ohne die Unterstützung im Ehrenamt wird die Integration nicht funktionieren. Wenn jede und jeder nur einen Menschen an die Hand nähme, würden viele Probleme gar nicht erst entstehen.

Was wir mit Gemeinsinn erreichen können, ist ein wichtiges Thema in diesem Buch. Das mit Abstand krasseste Erlebnis meines Lebens war die Flutkatastrophe an der Ahr, die in Minutenschnelle Leben entweder komplett vernichtet oder stark beeinträchtigt hat. Diese Naturkatastrophe führte zugleich zu einer beeindruckenden Solidarität, die weit über die Region hinaus sichtbar wurde. Sie hat gezeigt, was geht, wenn viele helfen.

Darüber hinaus möchte ich mit diesem Buch gerne ein paar Vorurteile widerlegen. Zum Beispiel, dass die junge Generation nicht mehr nach Führungspositionen strebt, dass Frauen sich mit Führen schwertun oder dass generell dem Führen von Menschen etwas Negatives anhaftet. Ich kann aus eigenem Erleben das Gegenteil berichten. Führung bringt Macht mit sich und eine große Verantwortung. Sie setzt voraus, dass man Menschen mag, sie in den Mittelpunkt des eigenen Handelns stellt und sich selbst nicht zu wichtig nimmt.

Führungspositionen sind im Leben eine temporäre Angelegenheit – wer führt, sollte also gut darauf aufpassen, sich nicht selbst zu überschätzen und zu überfordern. Ich kann nicht verstehen, warum in den Medien und der öffentlichen Wahrnehmung oft so ein verzerrtes und überwiegend negatives Bild von Managerinnen und Managern gezeichnet wird, ohne dass zugleich die positiven Beispiele gezeigt werden. Es fehlt ein differenziertes Bild und die Wertschätzung dafür, dass die Mehrheit der Managerinnen und Manager Verantwortung übernimmt und ihre Expertise einsetzt, um Unternehmen erfolgreich zu führen.

Was die junge Generation betrifft: Diese bringt ein anderes Verständnis von Arbeit mit, und das ist gut so. Wie viel jede und jeder arbeiten sollte, ist ein interessantes und gutes Thema zum Streiten. Es polarisiert. Als ich anfing, waren noch 40 Arbeitsstunden vertraglich vereinbart, bis die IG Metall die 35-Stunden-Woche durchgesetzt hat. Auf den Managementebenen wurde sowieso viel mehr gearbeitet, das gehörte in meiner Altersklasse quasi zum guten Ton. Heute wird die 4-Tage-Woche diskutiert. Ich finde diese Debatte legitim. Dieses Beharren, dass faul ist, wer nicht sehr viele Stunden arbeiten will, ist eine Selbstgefälligkeit meiner Generation, die mir ziemlich auf die Nerven geht. Schließlich sagt eine hohe Zahl an Arbeitsstunden nichts über die Qualität des Ergebnisses aus. Ich habe selbst sehr viel und intensiv in verschiedenen Zeitzonen an verschiedensten Projekten gearbeitet. Mir hat das Spaß gemacht. Ich kann jedoch verstehen, dass die Generation, die uns dabei beobachtet hat – also in der Regel unsere Kinder oder junge Leute, die mit meiner Generation zusammenarbeiten – das nicht möchte, weil sie andere Prioritäten setzt.

Wir müssen diskutieren, was wir unter Arbeit verstehen. Das ist ein perfektes Thema für einen generationenübergreifenden Dialog, und auch für einen gemeinsamen Blick auf Technologien und Innovationen. Schon angesichts der demografischen Entwicklung in unserem Land ist klar, dass wir Arbeit und auch Arbeitszeit neu betrachten müssen. Als 1965 Geborene gehöre ich zu diesen geburtenstarken Jahrgängen, die sofort nach der Schule mit irgendeiner Berufstätigkeit loslegen mussten. Angesichts der starken Konkurrenz kam gar nichts anderes infrage. Ich neige überhaupt nicht dazu, im Rückblick etwas zu bedauern, aber doch, in diesem Fall muss ich sagen: Es wäre schön gewesen, wenn ich damals mehr Zeit gehabt hätte, mich in der Welt umzusehen. Ich ermutige daher alle jungen Leute, nach ihrer Schulzeit unbedingt so viel zu reisen, so viele unterschiedliche Menschen kennenzulernen und so viel auszuprobieren, wie es ihnen möglich ist. Arbeiten werden sie in ihrem Leben noch genug.

Mein Start ins Leben war den damaligen Zeiten entsprechend grundsolide: Schule, Abitur, Ausbildung zur Industriekauffrau bei einer Siemens-Tochter. Damit hatte ich ein Fundament, von dem aus ich alles bewerkstelligen konnte. Mir war wichtig, mein eigenes Geld zu verdienen und mir damit die Freiheit zu verschaffen, mein Leben so zu gestalten, wie ich das will. Ich bin zwar mit einer kaufmännischen Ausbildung gestartet, habe dann aber schnell gemerkt, dass mich Technologie und Logistik viel mehr interessieren. Damals ist mir dann auch aufgefallen, wie wenig Berührung wir während der Schulzeit in unserer Mädchenklasse mit technischen oder wissenschaftlichen Berufen hatten. Ich wusste nicht einmal, dass es ein Studium wie Wirtschaftsingenieurwesen gibt. Dass ich nicht studiert habe, ist mir übrigens sehr oft in meiner Karriere aufs Butterbrot geschmiert worden. Geschadet hat mir die fehlende akademische Bildung trotzdem nicht, ich habe eine sogenannte Kaminkarriere hingelegt, in der es von Stufe zu Stufe aufwärts ging. Meine Wissenslücken in technischen oder logistischen Prozessen habe ich durch Nachfragen und selbstständiges Lernen geschlossen. Wenn ich merke, dass mich ein Thema interessiert, ich aber Wissensdefizite habe, dann organisiere ich mir eine Schulung oder setze mich hin, suche mir Informationen und lerne.

Ich bin ein Beispiel dafür, dass es für eine Karriere nicht entscheidend ist, welche formalen Abschlüsse man vorzuweisen hat, sondern dass man auch intrinsisch motiviert und sehr lust- und interessengesteuert seinen Weg machen kann.

Mein Glück war, dass mich viele Menschen in meinem Berufsleben gefördert haben und ich in einem so großen Konzern wie Siemens viele Möglichkeiten hatte, mich weiterzuentwickeln. Meine Karriere zeigt, wie wichtig und sinnvoll Weiterbildungen, Coachings und Mentorenprogramme sind. Darum finden Sie in diesem Buch auch immer wieder den Appell, sich Unterstützung zu holen, wo immer nötig und möglich.

Generell gilt: Wer Menschen führt, muss ein Verständnis davon haben, was diese Menschen tun. Ohne Fachexpertise funktioniert generalistische Führung nicht. Es geht dabei gar nicht um tiefes Detailwissen. Führungskräfte sollten sich aber zumindest so weit mit der Materie auskennen, dass sie deren Beitrag für den Wertschöpfungsprozess richtig einordnen können. Als Managerin muss ich wissen, am welchen Stellen Geld verdient wird und wo Geld verloren geht, damit ich Risiken besser bewerten und klügere unternehmerische Entscheidungen treffen kann. Meine Karriere war diesbezüglich wie ein Puzzle: Erst kam die Fachexpertise, dann die Managementexpertise und schließlich kamen die Restrukturierungsprojekte, in denen der menschliche Faktor immens wichtig war, weil sie häufig sehr viele Mitarbeitende betrafen.

Es ist einfach, externe Beraterinnen und Berater zu holen, um sie die unangenehmen Dinge erledigen zu lassen, also Menschen zu entlassen und ganze Werke abzuwickeln. Ich halte es für feige, solche Aufgaben zu delegieren. Wer selbst viel in der Produktion unterwegs ist und weiß, wie viele Menschen dort arbeiten und was sie tun, der entscheidet mit einem anderen Bewusstsein hinsichtlich der Konsequenzen. Die Menschen sind dann keine Zahl oder eine anonyme Masse, sondern eben Mitarbeiterinnen und Mitarbeiter mit Gesichtern und Geschichten. Wer Führungskraft sein will, darf sich bei unangenehmen Dingen nicht wegducken, darf nicht empfindlich, sondern muss sichtbar sein und auch streitbar. Auch darum soll es in diesem Buch gehen.

Wie erwähnt habe ich immer gerne gearbeitet. Mich haben knifflige Sachen gereizt. Die Arbeit war für mich ein großer Teil meines Lebens und immer eher Vergnügen als Strapaze. Die Work-Life-Balance-Frage hat sich mir deshalb nie gestellt, weil »work« kein Problem war. Und trotzdem habe ich sehr bewusst damit Schluss gemacht.

Ich habe meine offizielle Karriere an den Nagel gehängt, um vor allem mehr Zeit für mein privates Umfeld – meine Eltern und meine Schwiegermutter, unseren Freundeskreis und meinen Mann Thomas – und auch für mich selbst zu haben. Außerdem habe ich gemerkt, dass ich älter werde und mir Arbeit nicht mehr so wichtig ist wie früher. Es ist jetzt nicht mal zwei Jahre her, seit ich bei Bosch aufgehört habe, und es hat sich schon gezeigt, dass es sich lohnt, weniger zu arbeiten und die Zeit für andere Dinge einzusetzen.

Die große öffentliche Resonanz auf die Entscheidung, meine Karriere gegen das Privatleben und die Betreuung der Eltern einzutauschen, kam für mich überraschend. Es gibt sogar eine Dokumentation des WDR darüber und bis heute bekomme ich regelmäßig Anfragen von Journalistinnen und Journalisten. Wahrscheinlich weil gerade Führungskräfte nicht öffentlich darüber sprechen, dass sie Zeit brauchen, um ihre Eltern zu betreuen. Während die Betreuung von Kindern in unserer Gesellschaft – zu Recht – ein großes Thema ist und es mittlerweile entsprechende Arbeitszeitkonzepte gibt, ist das Thema Elternpflege irgendwie schambehaftet und Privatsache. Die alten Eltern verschwinden sang- und klanglos. Das muss sich ändern. Zumal es sehr viele Menschen, meist Frauen, in Deutschland gibt, die sich um pflegebedürftige Eltern kümmern – das Thema ist ja nicht neu. Ich hätte wahrscheinlich nie so viel mediale Aufmerksamkeit für dieses Thema bekommen, wenn ich nicht vorher erfolgreiche Managerin gewesen wäre. Das ist nicht besonders fair all den anderen gegenüber. Aber es bietet mir immerhin die Chance, die Betreuung älterer Menschen als Thema in die Öffentlichkeit zu bringen.

Übrigens: Viele Medien schreiben, ich hätte gekündigt, um meine Eltern zu pflegen. Das stimmt so nicht. Ich verbringe viel Zeit mit ihnen und mit meiner Schwiegermutter, ich kümmere mich darum, dass es ihnen gut geht, und ich organisiere vieles in ihrem Alltag – aber ich pflege sie nicht. Dennoch ist es eine sehr spezielle Erfahrung, sich nach 40 Jahren wieder den eigenen Eltern anzunähern und zugleich mit dem eigenen Älterwerden konfrontiert zu sein. Viele Menschen rutschen im Alter in einen Modus, in dem sie vieles bedauern, betrauern und beklagen. Das halte ich für grundfalsch. Nach dem Berufsausstieg beginnt ein neuer Lebensabschnitt, der gut und gerne noch 25 Jahre dauern kann. Warum sollte diese Zeit nicht gut werden? Was können wir Älteren tun, um unsere Fähigkeiten für das Gemeinwohl einzubringen? Wie lässt sich dieser Lebensabschnitt sinnvoll gestalten? Es gibt unglaublich viele Möglichkeiten für Menschen jeden Alters, ihr Leben zu gestalten und zu einer guten Zukunft beizutragen.

Ich würde mich freuen, wenn wir darüber ins Gespräch kommen.

VIELFALT
IST KLÜGER

Eine gute Zukunft ist Teamwork. Wir müssen sie gemeinsam anpacken. Je mehr Perspektiven und Fähigkeiten wir einbringen, umso erfolgreicher werden wir sein. Vielfalt ist zwar anstrengend, aber es lohnt sich, sie auszuhalten, zu fördern und nutzbar zu machen. Wir brauchen unterschiedliche Sichten auf die Welt und ihre Herausforderungen. Unsere globalisierte Wirtschaftswelt kann gar nicht anders sein als vielfältig.

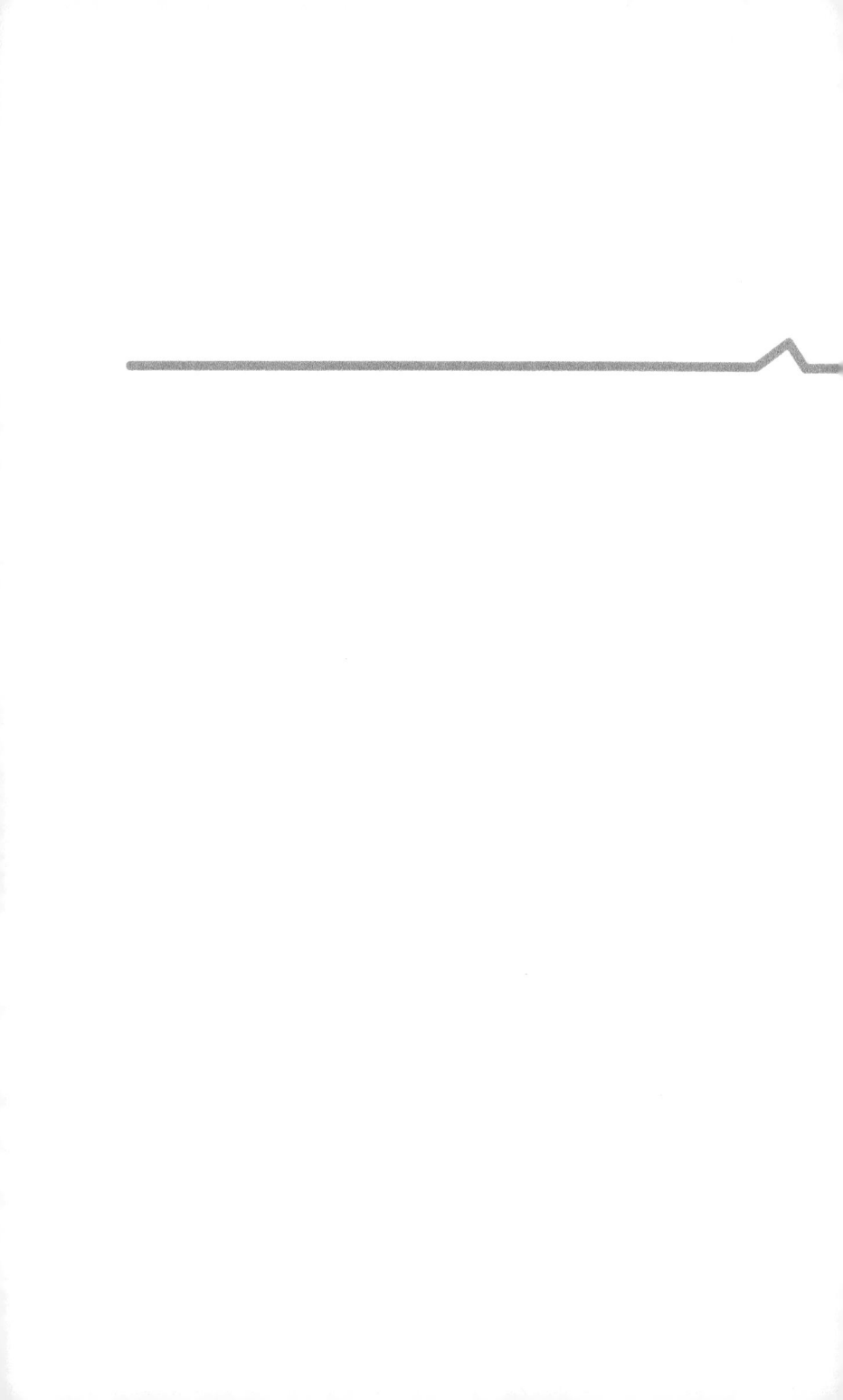

Meine erste bewusste Begegnung mit Diversität fand im Jahr 1980 statt. Um ehrlich zu sein: Ich dachte damals, mich trifft der Schlag, und ich war sehr wütend auf meinen Vater. Er war nach Neustadt an der Weinstraße versetzt worden, die ganze Familie war umgezogen und mein Vater meldete mich in unserer neuen Heimat für die neunte Klasse am Gymnasium an. Wahrscheinlich war ihm vorher nicht aufgefallen, was mir beim Blick ins Klassenzimmer sofort ins Auge sprang: Da waren nur Mädchen.

Tatsächlich war mein Jahrgang am Käthe-Kollwitz-Gymnasium der letzte reine Mädchen-Jahrgang. Nach uns gab es nur noch gemischte Klassen. Auf dem Schulhof waren deshalb Jungen wie Mädchen unterwegs, mein Vater hatte also gar nicht mit Absicht gehandelt. Er war vermutlich nicht mal ansatzweise auf die Idee gekommen, dass es im Jahr 1980 noch irgendwo eine Geschlechtertrennung in Schulen geben könnte. Nun war also ich, die im Westerwald immer mit den Jungs Völkerball, Fußball und Skat gespielt und mich mit ihnen im Judo gemessen hatte, unter lauter Mädchen. Da ist mir zum ersten Mal aufgefallen, was das Gegenteil von Vielfalt ist. Ich war geschockt.

Aber, was soll ich sagen? Es war toll! Das Zusammengehörigkeitsgefühl in unserer Mädchengruppe war großartig. Wir verbrachten vom 14. Lebensjahr bis zum Abitur prägende Jahre mitinander und bildeten eine absolut eingeschworene Gemeinschaft. Uns konnte keiner was. Zugleich hatten wir Lehrer und auch feministisch geprägte Lehrerinnen, die uns sehr ermutigt haben. Sie vermittelten uns, dass wir grundsätzlich alles erreichen können, dass wir uns immer eine eigene Meinung bilden und unbedingt zusehen sollen, dass wir eine gute Ausbildung absolvieren.

Unsere »Einfalt« war für uns kein Nachteil. Eine homogene Gruppe ist stark. Das bekamen insbesondere die armen Lehrkräfte zu spüren, die uns in der Oberstufe unterrichteten. Darunter waren sehr viele junge Lehrer, überwiegend Männer. Die tun mir heute noch leid, weil sie mit uns selbstbewussten 16-, 17-, 18-jährigen Frauen völlig überfordert waren. Das haben wir natürlich gnadenlos ausgenutzt. Wir hatten eine gewisse Macht, weil wir eine starke Einheit waren und deshalb dominant auftreten konnten. Bei Schülerinnen mag das noch harmlos sein, generell ist solch eine Konzentration definitiv keine gute Sache.

Kurz darauf begann mir zu dämmern, welchen Unterschied die Vielfalt macht. Während meiner Ausbildung zur Industriekauffrau waren wir für die damalige Zeit relativ viele Mädchen, in der Berufsschule dann aber von vielleicht 25 Schülern nur sechs oder sieben Frauen. Das fand ich schon irgendwie blöd. Was mir zu diesem Zeitpunkt noch nicht klar war: Dieses Ungleichgewicht sollte sich wie ein roter Faden durch mein Berufsleben ziehen. Im Laufe meiner weiteren Karriere hatte ich immer mehr mit Männern als mit Frauen zu tun. Kein Wunder, denn Frauen in Führungspositionen waren damals stark unterrepräsentiert – und sie sind es bis heute: Laut einer Schufa-Analyse[1] beschäftigten zu Beginn des Jahres 2024 nur 27 Prozent der Unternehmen mindestens eine Frau im obersten Management. Im Jahr 2023 war nicht einmal jedes fünfte Aufsichtsratsmitglied eine Frau. Insbesondere in MINT- und Tech-Berufen sind Frauen immer noch stark unterrepräsentiert. »Der Mangel an Geschlechterdiversität in Europas Technologielandschaft führt zu erheblichen Nachteilen für Beschäftigte, Innovation und die gesamte europäische Gesellschaft«, sagt Sven Blumberg von McKinsey & Company[2]. Blumberg ist Mitautor einer Studie, gemäß der sich Europas Wirtschaftsleistung

(BIP) um bis zu 600 Milliarden Euro erhöhen könnte, wenn es bis zum Jahr 2027 gelänge, den Frauenanteil in Tech-Jobs auf 45 Prozent zu erhöhen. Dieselbe Studie stellt fest, dass der Frauenanteil in Bereichen mit hohem Bedarf an Technologietalenten bei gerade mal acht Prozent liegt. Fehlende Geschlechtervielfalt ist also schon allein wirtschaftlich betrachtet dumm.

Zugegeben: Für mich war die Geschlechterverteilung jahrzehntelang kein Thema. Es gab keine Sensibilität dafür und in meinem Umfeld auch kein berufliches Netzwerk, das sich mit solchen Themen beschäftigt hätte. Natürlich wandten sich Frauen, wenn sie ein Problem hatten, tendenziell eher an eine Frau. Aber Anfang der 90er Jahre war das nichts, worüber man groß geredet hätte. Vielleicht auch, weil anderes wichtiger erschien: Es war die Zeit der Wiedervereinigung.

Das Gefühl, irgendwie ein Alien zu sein, stellte sich bei mir erst später ein. Es ging mit den Managementjobs los. Da habe ich gemerkt, dass ich in einem Führungskreis als Frau meist allein bin, dass die Fluktuation auf den weiblich besetzten Managementposten viel höher ist und dass ich nicht wirklich dazugehöre. Fachlich gesehen natürlich schon, ich konnte mich immer gut mit Männern auf Augenhöhe auseinandersetzen. Aber ich war nicht Teil ihrer Machtzirkel. Diese Gruppen blieben für mich geschlossen.

Mich beschlich eine Ahnung, dass ich vielleicht mehr leisten muss als Männer in derselben Position. Mir fiel zu diesem Zeitpunkt auch erstmals auf, dass ich viel stärker unter Beobachtung stehe oder dass ich Gegenstand von Witzen oder irgendwelchen anzüglichen komischen Dingen bin. Aber es war mir damals, ehrlich gesagt, egal. Ich hatte mich noch nicht mit der »Gläsernen Decke« beschäftigt, ein Begriff, den die Soziologin Ann Morrison schon im Jahr 1987 geprägt hatte und der ein Synonym für die zahlreichen unsichtbaren Prozesse und Faktoren ist, die Frauen von Managementpositionen fernhalten.[3]

» *Je diverser sich ein Unternehmen aufstellt, desto höher sind seine Chancen auf Erfolg.* «

Einer der Faktoren, die diese »gläserne Decke« stützen, ist die Männerkultur in Unternehmen. Die ändert sich erst allmählich. Noch vor wenigen Jahren war es ganz selbstverständlich, dass Männer nur mit Männern Seilschaften bilden, dass Männer am ehesten Männer befördern und dass sie Frauen von ihren Feierabendbieren und Wochenendausflügen ausschließen, auf denen sie ihre nächsten Karriereschritte besprechen. In einer stark männlich dominierten Führungsriege ist eine Frau tatsächlich so etwas wie ein Alien. Ein Bericht der AllBright-Stiftung von 2017 hat das den »Thomas-Kreislauf« genannt: Damals waren sich die deutschen Vorstände der an der Frankfurter Börse gelisteten Unternehmen zu 93 Prozent gleich, nämlich männlich, westdeutsch, entweder Wirtschaftswissenschaftler oder Ingenieur und ungefähr im selben Alter. 2017 gab es mehr Vorstandsmitglieder, die Thomas oder Michael hießen, als insgesamt Frauen in Vorstandsjobs.[4] In einer solch homogenen Gemeinschaft fallen alle, die anders sind, zwangsläufig auf. Und das hat Folgen. Die Diversitätsforscherin Andrea Bührmann von der Uni Göttingen sagte in einem Spiegel-Interview: »Die Forschung zeigt, dass eine Gruppe, die weniger als 30 Prozent der Gesamtheit ausmacht, als Minderheit wahrgenommen wird. Diese Personen gelten sozusagen als Fremdkörper und es wird erwartet, dass sie anders denken und handeln.«[5]

Ich war weiblich und jung, kompetent und unerschrocken, ich hatte keinerlei Berührungsängste und war schnell in verantwortungsvollen Positionen – ich war ein Unterschied in Person. Hinzu kam, dass ich nicht Mutter werden wollte. Mir hat die Arbeit super viel Spaß gemacht und das war mein Ziel. Ich wollte keine Kinder, ich wollte arbeiten, und das am liebsten international. Viele Frauen gingen damals oft jahrelang in Elternzeit. Es gab daher kaum Frauen in vergleichbaren Positionen im Unternehmen, mit denen ich mich hätte austauschen können.

Übrigens hat mich niemals ein Vorgesetzter darauf angesprochen, ob ich schwanger werden will. Solche Fragen sind in Unternehmen erst später aufgekommen. Vielleicht liegt das daran, dass die damalige Männerführungsriege in der Alterskategorie meines Vaters war, also so um 1940 geboren. Die waren anders. Möglicherweise haben sie in mir ihre Töchter gesehen oder sie waren stolz, mit mir jemanden zu haben, den sie unter ihre Fittiche nehmen konnten. Diese Männer haben mir viel zugetraut, mich sehr unterstützt und auf Ideen gebracht, auf die ich von allein gar nicht gekommen wäre. Sie haben mich deutlich mehr gefördert als die männlichen Führungskräfte, die später gekommen sind und von denen man ja immer annimmt, sie seien zu Toleranz und Gleichberechtigung erzogen worden.

Arbeiten war damals vollkommen distanziert vom Privatleben. Wir haben kaum etwas vom anderen gewusst. Die sexuelle Orientierung war überhaupt kein Thema. Wir hatten in unserer deutschen Organisation bei Siemens auch kaum jemanden mit einem nicht deutsch klingenden Nachnamen. Es gab ein paar Kollegen, mit denen ich mich gut verstand, und einige, die sich vielleicht sogar geduzt haben. Ansonsten waren alle per »Sie« und auf Abstand. Arbeit war Arbeit und privat war privat. Es herrschte eine funktionale Trennung zwischen dem privaten Menschen und der Arbeitskraft.

Die Gesellschaft bei Siemens, in der ich groß geworden bin und in der ich meine Karriere gestartet habe, war, wie es noch rund zwei Jahrzehnte später der Thomas-Kreislauf so treffend beschrieben hat, hochgradig homogen: deutsch, überwiegend männlich, überwiegend geprägt von einer langen Siemens-Zugehörigkeit und von einer hohen Identifikation mit dem Unternehmen. Vielfalt war in der deutschen Wirtschaft generell nicht präsent und zum damaligen Zeitpunkt auch nicht gefragt. Das hat lange funktioniert. Erst mit der fortschreitenden Globalisierung wurden auch deutsche Unternehmen durchlässiger, offener und allmählich auch diverser.

Heute weiß man: Je diverser sich ein Unternehmen aufstellt, desto höher sind seine Chancen auf Erfolg. Laut Studien von McKinsey gibt es einen deutlichen Zusammenhang zwischen Vielfalt im Topmanagement und dem Geschäftserfolg von Unternehmen. Ihnen zufolge verdoppelt sich in Deutschland die Wahrscheinlichkeit eines überdurchschnittlichen Geschäftserfolgs bei Unternehmen mit einem hohen Anteil weiblicher Führungskräfte im Topmanagement.[6] Auch eine Erhebung von Bain & Company zeigt, dass Diversität und Inklusion für Unternehmen zu einem entscheidenden Wettbewerbsfaktor geworden sind. Die Integration verschiedener Geschlechter, Altersgruppen sowie Beschäftigter unterschiedlicher sozialer und ethnischer Herkunft stärkt das Image als Arbeitgeber und steigert die Innovationskraft.[7] Teams möglichst vielfältig zu besetzen, ist also kein sozialromantisches Zugeständnis oder ein Gebot der Fairness und Gleichberechtigung, sondern betriebswirtschaftlich geboten. Diese Erkenntnis setzt sich auch in Deutschland immer weiter durch: Die 2006 gegründete Wirtschaftsinitiative Charta der Vielfalt zählte 2023 über 4.900 Unternehmen und Institutionen – sie alle haben eine Selbstverpflichtung zu Diversity unterzeichnet.[8]

1996 erreichte ich ein mir sehr wichtiges berufliches Etappenziel: Ich bekam die erste internationale Aufgabe. Damit eröffnete sich mir eine völlig neue, vielfältige, spannende Welt, die mein Leben enorm bereichert hat. Ich war begeistert. Ab sofort sollte ich für Siemens die kaufmännische Verantwortung für den Wirtschaftsraum Euregio übernehmen, zu dem Belgien, Luxemburg und die Region Aachen zählten.

Es erwartete mich allerdings etwas, womit ich überhaupt nicht gerechnet hatte: Ich war nicht willkommen. Nicht wegen meines Geschlechts, sondern wegen meiner Nationalität. Es gab viele Vorbehalte gegenüber Deutschen. Insbesondere die Kollegen in Belgien waren nicht begeistert, als ich meinen neuen Job antrat. In Belgien spürte ich das erste Mal so richtig, wie es ist, in der Minderheit zu sein. Ich wurde als nicht dazugehörig betrachtet und auch so behandelt. Das war für mich neu und eine prägende Erkenntnis. Viel später habe ich die Kollegen gefragt, was eigentlich ihr Problem mit mir war. Die Antwort: Sie waren überzeugt, dass alle, die von Siemens in Deutschland kamen, dem Stammhaus zuarbeiten und antreten, um die ausländischen Standorte zu kontrollieren. Was nicht stimmte, denn ich zählte ja selbst zu der Vertriebsregion, wir waren also ein Team.

>> *Zuhören, Interesse zeigen, präsent sein, Fragen stellen: Das sind für mich die Schlüssel zu Verständnis und Vertrauen.* <<

Meine wichtigste Aufgabe war es also erst einmal, das Vertrauen der Kollegen zu gewinnen. Da ich überzeugt bin, dass Sprache Kultur vermittelt, habe ich sofort neben der Arbeit damit begonnen, Französisch zu lernen. Ich wollte verstehen, wenn sich meine Kollegen unterhalten, und die Sprache zumindest so gut beherrschen, dass ich sie vielleicht nicht perfekt schreiben, aber dem Gesprächsfluss folgen und gegebenenfalls auch etwas sagen kann. Außerdem habe ich sehr viel Zeit mit den Kollegen vor Ort verbracht. Ich bin oft in Brüssel geblieben und wir sind gemeinsam Abendessen gegangen oder haben, wenn die Kollegen bei uns in Aachen waren, dort etwas zusammen unternommen. Zuhören, Interesse zeigen, präsent sein, Fragen stellen: Das sind für mich die Schlüssel zu Verständnis und Vertrauen. Außerdem erwies sich bei all meinen Auslandsaktivitäten als hilfreich, dass ich nicht anmaßend oder als Besserwisserin aufgetreten bin. An dieses alte Veni-vidi-vici-Motto *Ich geh da mal hin, gucke mich um, weiß sofort Bescheid und treffe die richtigen Entscheidungen* habe ich nie geglaubt.

Die Arbeit im Ausland war für mich horizonterweiternd und bestärkt mich bis heute in meiner Überzeugung, dass Vielfalt in Unternehmen enorm wertvoll ist. Im Ausland traf ich auf etwas völlig anderes als alles, was ich bisher gekannt hatte. Dafür musste ich andere Fähigkeiten entwickeln und neue Prioritäten setzen. Die Begegnung mit Vielfalt setzt mich in Bewegung. Genau das war meine Motivation, im Ausland oder mit dem Ausland zu arbeiten. Ich habe schon als Kind gedacht: Die Welt ist mehr als nur deutsch.

Wo immer ich in anderen Ländern unterwegs war, habe ich mir Kollegen gesucht, die mir die Regeln des jeweiligen Landes erklären. Die ich fragen konnte: *Was war da jetzt das Problem? Wie reagiere ich darauf am besten? Ich verstehe das nicht, bitte erklär mir das.* Diese Haltung hat mir sehr geholfen, bessere Entscheidungen zu treffen. Fragen zu stellen, signalisiert eine gewisse Form der Fehler- oder Schwächekultur. Auch später, in weit höheren Positionen, habe ich mir oft in einem Werk zeigen lassen, was die Menschen da eigentlich tun, wie die Technik funktioniert und der Materialfluss organisiert ist. Manche Kollegen haben darüber gelacht, aber sie haben mir ihre Arbeit immer gern erklärt. Ich muss die Dinge einmal sehen, dann kann ich sie besser verstehen, besser einschätzen und somit hoffentlich besser entscheiden. Es gehört einfach zum lebenslangen Lernen dazu, nachzufragen, wenn man etwas nicht auf Anhieb versteht. Falsche Scheu oder Eitelkeiten sind da fehl am Platz.

> *Man muss sich und den Menschen Zeit geben und verlässlich sein. Vertrauen entsteht durch Taten, nicht durch Worte.* «

Die Kollegen aus Belgien und Luxemburg erkannten irgendwann, dass ich keine Bedrohung für sie bin, sondern dass sie mich als Verbündete und somit zu ihrem Vorteil einsetzen konnten, zum Beispiel, wenn es um Verhandlungen in der Münchner Zentrale ging. Meine Erfahrung ist: Man muss sich und den Menschen einfach Zeit geben und verlässlich sein. Vertrauen entsteht durch Taten, nicht durch Worte. Es ist natürlich erst einmal eine ungute Situation, auf Ablehnung zu stoßen. Man braucht Empathie, Verständnis und eine gewisse Stärke, um damit umzugehen und zu verstehen, dass es nicht um dich persönlich geht, sondern dass nur irgendetwas in dich hineinprojiziert wird.

Schon aus Respekt für Land und Leute habe ich mich auf meine Aufgaben im Ausland immer gut vorbereitet. In vielen Unternehmen gibt es Schulungen für Manager, die jahrelang in ein anderes Land gehen. Wenn es sich aber nur um eine Zusammenarbeit mit einem ausländischen Standort handelt, bleiben solche Schulungen meist aus. Also habe ich mir Bücher über das jeweilige Land, mit dem ich gearbeitet habe, besorgt. In den Bänden vom Reise Know-how Verlag zum Beispiel finden sich die wichtigsten Dos und Don'ts und wenigstens schon einmal ein paar Informationen zu den kulturellen Hintergründen eines Landes. Damit hatte ich zumindest einen kleinen Filter und das Bewusstsein: Ich bin zu Gast.

Im Gegensatz zu manch anderen habe ich nie gewollt oder erwartet, dass die Kollegen am Auslandsstandort alles Mögliche tun, um es mir recht zu machen. Solch einem extrem zuvorkommenden Verhalten bin ich später aufgrund meiner Position häufig begegnet; insbesondere gegenüber Managern, die aus Deutschland anreisten, war es sehr ausgeprägt. Es gab eine Managergeneration, die das ausgenutzt und ihre Macht ausgespielt hat. Daran war ich nie interessiert. Ich wollte immer erfahren, wie der Betrieb vor Ort am besten funktioniert. Wie es in Deutschland läuft, wusste ich ja bereits. Wie überheblich muss man sein, um zu glauben, wie wir es machen, sei das Maß aller Dinge?

Anfang der 2000er Jahre, als Siemens ein Werk für die Fertigung von Telefonanlagen von Deutschland nach Brasilien und später noch nach Griechenland verlagerte, habe ich bei meinen deutschen Kollegen eine unglaubliche Arroganz erlebt. Sie vertraten von Anfang an die Haltung, der Betrieb dort könne gar nicht funktionieren, weil die Menschen vor Ort nicht gut genug wären. Und sie waren alles andere als unterstützend. Es herrschte eine sehr merkwürdige Stimmung, wohl auch, weil die ersten großen Veränderungen im Unternehmen stattfanden. Mich hat dieses Verhalten gewundert, schon weil Führungskräfte auf der unternehmerischen Seite stehen sollten. Man mag Entscheidungen gut finden oder nicht, aber wenn sie getroffen sind, sind Führungskräfte dazu da, sie umzusetzen. Stattdessen habe ich damals deutlich gemerkt, dass viele Führungskräfte Angst hatten vor dem Neuen und Anderen. Insbesondere Männer hatten Vorurteile und waren sich nicht zu schade, sie auszusprechen.

Der neue Standort lag im Süden Brasiliens, südlich von Sao Paulo. Brasilianer sind sehr zugewandte Menschen. Sie haben es mir sehr einfach gemacht und mich schnell in ihren Kreis aufgenommen. Auch von den Kollegen in Brasilien wurde ich irgendwann als Verbündete gesehen und im Laufe der Zeit gehörte ich viel mehr zu ihnen als zu München. Die Menschen in Brasilien sind von der Mentalität her genau mein Ding, sie sind sehr herzlich und freundlich. Das hat mir gut gefallen.

Die Menschen im Werk waren Feuer und Flamme für das Unternehmen und für die Kunden. Sie waren viel fleißiger, viel ehrgeiziger, viel qualitätsbewusster als alle, die ich vorher erlebt hatte. Dadurch wurden sie für manche Kollegen aus Deutschland zur Konkurrenz, denn mitunter reichte dort damals Mittelmäßigkeit schon aus, um erfolgreich zu sein. Auf »Made in Germany« konnte man sich lange Zeit ausruhen. Viele in der Münchner Zentrale haben aus diesem Grund darauf gehofft, dass in Brasilien etwas schiefgeht.

Ich verantwortete damals die Logistik und habe dafür gesorgt, dass gerade in der Transitionsphase immer jemand aus unserem Projektteam vor Ort war, um im Zweifelsfall schnell Unterstützung zu leisten. Unser Team bestand aus gut 30 Leuten, darunter Brasilianer, Amerikaner und Deutsche. Wir wollten unbedingt erfolgreich sein und den Skeptikern im Stammhaus zeigen, dass unser Werk in Brasilien funktioniert. Dieser gemeinsame Mindset hat uns unglaublich geholfen. Wir waren eine verschworene Gemeinschaft und konnten uns absolut aufeinander verlassen. Klar war ich die Chefin, aber am Ende war ich ein Teil des Teams und allen war bewusst, dass wir nur gemeinsam erfolgreich sind. Aus diesem Spirit hat sich eine eigene Kultur entwickelt. Und viele Freundschaften, die bis heute halten.

Als dann tatsächlich ein Fehler im Logistikzentrum passierte, war es für das Team eine Frage der Ehre, solange zu arbeiten, bis der Betrieb wieder reibungslos lief. Keiner hat sich dafür interessiert, dass gerade Feiertag war, keiner hat auf die Uhr geschaut oder darauf gewartet, dass jemand mit einem Extrageldschein winkt. So ein Engagement habe ich selten erlebt.

Das Projekt an sich, also die Verlagerung des Standorts, dauerte ungefähr ein Jahr, begleitet habe ich das Werk zehn Jahre lang. Während dieser Zeit veränderte sich die Technologie in der Telekommunikation rapide. Die Zukunft lag in der Internettelefonie. Das Werk war dadurch irgendwann nicht mehr ausgelastet. Am Ende war ich vor Ort dabei, als die Schließung des Werks verkündet wurde. Es war ein sehr emotionaler Anfang und ein sehr emotionaler Ausstieg in Brasilien. Und es war tatsächlich ein gemeinsames Ende: Die Werksschließung fiel in den gleichen Zeitraum, in dem ich Unify – und damit das Siemens-Umfeld – endgültig verließ.

Meine Arbeit mit Menschen im Ausland hat mich fürs Leben gelehrt, einen Sachverhalt immer aus verschiedenen Perspektiven zu betrachten. Uns Deutschen wird nachgesagt, wir seien sehr strikt, sehr fokussiert und blieben bei unseren Routinen, auch wenn diese Routinen vielleicht nicht sinnvoll sind. Viele Menschen folgen dem Motto *Schuster bleib bei deinem Leisten* und trauen sich nicht, neu zu denken und ihre Perspektiven mit denen anderer abzugleichen und damit vielleicht auch zu verändern. Ich kann nur empfehlen, sich dem Anderen und Neuen zu öffnen, um mehr Perspektiven zu gewinnen.

>> *Sehr häufig wissen die Menschen gar nicht, dass und worin sie besonders gut sind. Aufgabe einer Führungskraft ist es, genau das herauszufinden und es ihnen zu sagen.* <<

Für mich ist es immer wieder toll zu sehen, wenn ein Projekt gut läuft, weil verschiedenartige Menschen zusammenarbeiten. Dabei spielt eine offene Kultur eine entscheidende Rolle. Unternehmensberater John Hagel prognostiziert, dass die erfolgreichsten Führungspersönlichkeiten der Zukunft diejenigen sein werden, die die stärksten Fragen stellen und für die Beantwortung dieser Fragen ihre Mitarbeitenden um Hilfe bitten.[9] Jeder Mensch bringt etwas mit, was er gut kann, und plötzlich verfügt ein Team über viele Fähigkeiten, die sich wunderbar ergänzen. Sehr häufig wissen die Menschen gar nicht, dass und worin sie besonders gut sind. Aufgabe einer Führungskraft ist es, genau das herauszufinden und es ihnen zu sagen. Ich hätte mit Mitte 20 nicht zu sagen gewusst, was ich am besten kann. Vielleicht hätte ich es mich auch nicht zu sagen getraut. Wenn jeder das machen soll, was er am besten kann, dann muss man die Menschen dazu ermutigen, eben genau das herauszufinden und dann auch zu tun. Wir hatten zum Beispiel einmal jemanden im Team, der hervorragend mit Excel umgehen konnte. Er hat uns eine spezielle Datei gebaut, die wir intern nach ihm benannt haben. Sie blieb für Jahrzehnte die »Gerhard-Datei«. Erst war ihm die Aufmerksamkeit ein bisschen unangenehm, später war er stolz darauf.

Ich habe in meinen verschiedenen Führungspositionen immer versucht, diejenigen zu würdigen, die den Unterschied machen. In neuen Teams habe ich mir die einzelnen Menschen immer eine Zeit lang angeschaut und versucht, die Dynamik im Team und die Machtverhältnisse zu durchschauen. Gerade Menschen, die eher zurückhaltend oder schüchtern sind, muss man ermutigen und ihnen im Chor der Lauten und Starken eine Stimme geben. Ein Team braucht für den Erfolg die verschiedensten Fähigkeiten, auch die der Leisen und vermeintlich Schwachen. Verschiedenheit und Vielfalt bieten ein viel größeres Potenzial als Homogenität – und sie versprechen letztlich einen nachhaltigeren Erfolg.

Manche Unternehmen glauben, sie hätten Vielfalt hergestellt, wenn sie ein Team zu 50 Prozent mit Männern und zu 50 Prozent mit Frauen besetzen, die alle über denselben Sozialisierungshintergrund verfügen und aus westlichen Nationen kommen. Damit bilden sie aber nur einen sehr, sehr geringen Prozentsatz der Weltgemeinschaft ab. Nun ist es nicht in jeder Abteilung oder in jedem

Unternehmensbereich möglich oder notwendig, permanent mit Menschen aus allen möglichen diversen Schichten zusammenzuarbeiten. Aber man muss sich als Führungskraft darüber im Klaren sein, dass die eigenen Entscheidungen möglicherweise sehr viele verschiedene Menschen betreffen. Es gab eine Zeit, in der ich für ein Werk von Fujitsu in Augsburg mit den Interessenvertretern aus der Produktion zu tun hatte. In der Produktion arbeiten häufig Menschen mit einem niedrigen Ausbildungsgrad, oft angelernte Hilfsarbeiter, viele Frauen und viele Menschen mit Migrationshintergrund, die nicht gut deutsch sprechen. Diese Menschen sind in der Regel nicht laut. Ganz im Gegensatz zu ihren Interessenvertretern, die oft sehr selbstbewusst und sehr wortgewandt sind, und die für sich in Anspruch nehmen, alle in der Produktion zu vertreten. Ich bin damals in die Produktion gegangen, um dort an den Besprechungen teilzunehmen. Bei tausenden Mitarbeiterinnen und Mitarbeitern konnte ich nicht mit jedem Menschen persönlich interagieren, aber ich war mir bewusst, dass es sich hier um einzelne Menschen handelt, die für das Werk arbeiten, nicht um eine graue Masse. Wenn ich mit den lauten Interessenvertretern geredet habe, dann habe ich auch stets die Stimmen der Menschen mitgehört, die leise sind. Ich habe den Interessenvertretern immer signalisiert, dass ich gesprächsbereit bin, zuhöre und dass mich die Anliegen aller Beteiligten interessieren.

Für die Leute aus der Produktion bediente ich sozial gesehen jedes Klischee, sie hatten ihre Vorurteile und ihre Meinungen zu Führungskräften. Tatsächlich wären wir uns im normalen Leben wohl niemals begegnet. Um die Entfernung von Führungskräften vom vermeintlich normalen Volk zu belegen, wird gern darauf verwiesen, viele Manager wüssten nicht einmal, was ein Pfund Butter kostet. Es gab Zeiten, da wusste ich das auch nicht. Einfach weil ich mich damit nicht beschäftigen musste und konnte, da ich sehr, sehr viel anderes zu tun hatte. Es stimmt also: Es gibt diese Entfernung, auch die zwischen Managern und den Arbeiterinnen und

Arbeitern in der Produktion. Umso mehr habe ich mich bemüht, sie zu überbrücken und Kompromisse zu finden.

Geholfen hat mir damals, dass ich aus der Arbeiterschicht komme und keinen Dünkel habe. Mein Vater war Betriebsratsvorsitzender und er hatte genauso das Wort geführt wie die Männer, mit denen ich es in Augsburg zu tun hatte. Für mich war klar, dass ich mich mit ihnen auseinandersetzen musste, ob ich nun gut fand, was sie forderten, oder nicht. Und ich konnte ihnen zumindest gewährleisten, dass ich sie höre und dass mir nicht egal ist, was sie sagen. Es gab Momente, in denen wir den sozialen Unterschied plötzlich für einen Augenblick überbrücken konnten. Zuhören war dafür enorm wichtig.

Die für mich eindrücklichste Erfahrung, wie anders Menschen aufs Leben schauen, habe ich in Japan gemacht. Ich war 2014 als Geschäftsführerin für Deutschland bei Fujitsu gestartet und hatte darum gebeten, mich am Hauptsitz vorstellen und die Werke in Japan besichtigen zu dürfen. Japaner sind ausnehmend höfliche Menschen, sie wollten mir diese – für sie ungewöhnliche – Bitte nicht abschlagen. Ich konnte nicht ahnen, was für einen Aufwand und welche internen politischen Debatten ich damit im Konzern auslösen würde. Niemand vor mir war bei Fujitsu Deutschland je auf die Idee gekommen, den anderen Produktionsstandorten in Japan einen Antrittsbesuch abzustatten.

Ein Werk, das ich später noch regelmäßig besuchen sollte, liegt in Shimane an der Ostküste der japanischen Hauptinsel. Dort wurden mit hochmoderner Robotertechnik Notebooks gefertigt. Die Kollegen vor Ort präsentierten mir Hightech vom Feinsten und waren sehr stolz auf ihr Werk. Nach dem Werkstermin überraschten sie mich: Sie hatten einen ortskundigen Fahrer und einen englischsprachigen Kollegen organisiert, um mir die Region zu zeigen. Ich sollte nicht abreisen, ohne etwas von diesem wunderbaren Land gesehen zu haben. Wir fuhren los, der Fahrer erzählte Wissenswertes zu Land und Leuten und der Kollege übersetzte.

Irgendwann hielten wir an einem Strand, dem Inasanohama Strand, vor dem eine kleine Felseninsel liegt. Die Männer erklärten mir, dies sei die Insel, auf der die Götter ankommen. Die Götter? Ich war überzeugt: Da ist ein Übersetzungsfehler passiert. Dann zeigten sie mir eine Straße: Sie führe von der Insel direkt zum Izumo Taisha Schrein und sei immer gesperrt, damit die ankommenden Götter freien Zugang zum Schrein haben. Es war also kein Übersetzungsfehler. Wir sind zu dem sehr alten, berühmten Schrein gegangen und sie haben mir die Historie erklärt.

An dem Tag habe ich begriffen, dass Japan vollkommen anders ist als alles, was wir in westlichen Ländern kennen. Einerseits sind die Menschen dort nüchtern, technokratisch, hoch innovativ und stark ökonomisch orientiert. Andererseits pflegen sie eine große Spiritualität. Ich beschloss, mehr über diese Kultur zu lernen; ich war oft dort, habe mich mit Meditation und Zeremonien beschäftigt, alte Klöster und fantastisch gestaltete Gärten besucht. In Japan findet das Leben nicht nur auf einer funktionellen Ebene, sondern sehr viel mehr auf einer anderen Bewusstseinsebene statt. Das hatte ich bis dato noch nie so kennengelernt. Die Art und Weise, wie wir zusammengearbeitet haben, war sehr nah an der Arbeitskultur, wie ich sie im Geschäftsleben schon kennengelernt hatte. Die Kultur aber und der Umgang mit verschiedenen Aspekten des Lebens war die größte Horizonterweiterung, die mir mein Arbeitsleben geschenkt hat.

Mit Blick auf die Vielfalt ist Japan völlig anders als Brasilien. Brasilien ist ein Einwanderungsland, dort leben Menschen aller Hautfarben, Vielfalt ist dort kein Thema, sondern Alltag. Japan ist dagegen viel homogener. Dort war ich in gleich dreifacher Hinsicht ein Alien: Ich war die erste Frau in dieser Führungsposition, ich war kein Eigengewächs des Unternehmens, sondern kam von einem anderen Unternehmen, und ich war keine Ingenieurin. Außerdem bin ich von meinem Naturell her sehr direkt. Für die japanischen Kollegen war ich so neu, dass es für sie cool war, mit mir zu arbeiten. Wie immer habe ich mich auch bei Fujitsu am Anfang zurückgenommen, viel zugehört und versucht, zu verstehen, wie das Geschäft funktioniert. Ich habe so oft wie möglich Zeit mit den Menschen verbracht, mich in die Kultur vertieft, gelernt und mich ehrlich für sie interessiert.

» *Vielfalt ist anstrengend und inspirierend gleichermaßen.* «

Mich haben die Vielfalt und Unterschiede der Kulturen und Menschen in meiner Karriere enorm bereichert. Sie haben mich gelehrt, wie gut es ist, wenn ich meine Perspektive ändere und mich selbst nicht so wichtig nehme. Vielfalt ist anstrengend und inspirierend gleichermaßen. Manuela Rousseau, stellvertretende Aufsichtsratsvorsitzende der Beiersdorf AG, hat in einem Interview[10] sehr treffend gesagt: »Diverse Teams erfordern erst einmal mehr Zeit, weil Vieles neu gedacht wird. Das ist aufwändiger, erfordert Toleranz von allen Beteiligten. Wenn dann noch Sprachhürden hinzukommen, wird es anstrengend. Wir suchen uns Menschen aus, die uns ähneln, das ist vertrauter und einfacher. Diversität bedeutet ein Umdenken: Toleranz, die Bereitwilligkeit zu lernen, dass nicht nur meine eigene Idee und Haltung die richtige ist.«

Es bedarf einer größeren Kraftanstrengung und viel mehr Zeit, Diversität in Teams zu etablieren und in der Folge dann mit ihr umzugehen. Das birgt andere Herausforderungen, als wenn alle ungefähr gleich ticken. Aber: Das Ergebnis ist höchstwahrscheinlich das bessere. Ich bin überzeugt, dass Vielfalt auf Dauer für Unternehmen existenziell ist. Wenn eine homogene Gruppe die immer gleichen Lösungsansätze verfolgt, geht das eine Zeit lang gut. Aber früher oder später wird das Unternehmen an Wettbewerbsfähigkeit verlieren. Vielfalt erhöht die Chancen auf Lösungen und somit auf Zukunftsfähigkeit und wirtschaftlichen Erfolg.

Mit meinen Schulkameradinnen aus der Mädchenklasse am Käthe-Kollwitz-Gymnasium treffe ich mich übrigens bis heute. Und als »Alien« habe ich Freunde in aller Welt gewonnen. Ich möchte beides nicht missen.

MEIN IMPULS
WIR KÖNNEN ZUKUNFT – AM BESTEN UNTERSCHIEDLICH

Wir brauchen Vielfalt, um unsere Zukunft gut zu gestalten. Schon weil die Herausforderungen komplex sind, können die Strategien nicht eindimensional sein. Es ist enorm hilfreich, für die Lösung von schwierigen Aufgaben möglichst viele Perspektiven einzubeziehen. Menschen verschiedenen Geschlechts und unterschiedlicher Ethnie, Nationalität, Herkunft oder Generation bringen jeweils andere Sichtweisen, Arbeitsmethoden, Erfahrungen und Kenntnisse ein. Dass vielfältig besetzte Teams erfolgreicher sind, ist längst belegt. Vielfalt ist kein Nice-to-have, um zum Beispiel für neue Arbeitskräfte attraktiv zu sein – sie ist ein Must-have für den wirtschaftlichen Erfolg.

Vielfältig aufgestellte Teams sind in der Regel kreativer, innovativer und bewältigen schwierige Aufgaben schneller und effizienter als homogene Gruppen. Der Wissenschaftler Scott E. Page spricht vom »Diversity Bonus«. Er zeigt in seinem gleichnamigen Buch[11], dass Teams mit Menschen unterschiedlicher Denkweisen bei komplexen Aufgaben besser abschneiden als homogene Gruppen – also eben über einen »Diversitätsbonus« verfügen. Das macht sich auch in der Bilanz bemerkbar: McKinsey geht in einer Untersuchung aus dem August 2023 davon aus, dass die deutsche Wirtschaft von einer zusätzlichen Wertschöpfung von mehr als 100 Milliarden Euro profitieren kann, wenn sie unter anderem Menschen mit Migrationshintergrund stärker als bislang für den Arbeitsmarkt aktiviert, offene Stellen über einen qualifizierten Zuzug von internationalen Talenten schließt und das Potenzial kulturell diverser Teams optimal nutzt.[12] Schon 2015 hatte die Unternehmensberatung in ihrer Studie »Why diversity matters« festgestellt, dass Unternehmen mit diversen Teams bis zu 35 Prozent wahrscheinlicher überdurchschnittliche finanzielle Renditen erzielen.[13]

Nun herrscht auch in diversen Teams nicht immer eitel Sonnenschein. Unterschiede stoßen mitunter auf Ressentiments, sie schüren vielleicht Ängste oder Konkurrenzdenken. Außerdem macht es Mühe, Unterschiede zu akzeptieren, denn das bedeutet, den eigenen Standpunkt nicht als einzig möglichen zu sehen und das eigene Verhalten, das eigene Denken und das eigene Tun zur Diskussion zu stellen. Das fällt nicht immer leicht. Hier sind Führungskräfte gefragt, die für eine gute Arbeitskultur und einen positiven Teamspirit sorgen. Aber es liegt natürlich auch an jeder und jedem Einzelnen, offen zu sein für Unterschiede und diese Unterschiede nicht nur zu tolerieren, sondern anzuerkennen. Wenn die Voraussetzungen stimmen, sind vielfältige Teams homogenen Teams weit überlegen.

Das Schöne daran: Vielfalt bringt nicht nur bessere Lösungen, sondern macht auch Spaß. Es ist bereichernd, über den eigenen Tellerrand hinwegzuschauen und von anderen zu lernen. Das haben viele Unternehmen erkannt und bieten Mentorenprogramme und Tandem-Trainings, in denen verschiedene Menschen aufeinandertreffen. Laut einer Erhebung der Königsteiner Gruppe zum Thema »Zusammenarbeit mit internationalen Fachkräften«[14] agieren Teammitglieder in interkulturellen Gruppen aus Sicht der Befragten toleranter untereinander, sind kreativer, innovativer und motivierter. Kurzum: Vielfalt macht uns alle besser. Wir sollten sie nutzen.

GEMEINSAM SIND WIR BESSER

Eine gute Zukunft braucht gemeinschaftliches Engagement. Jeder Mensch hat ein Talent. Werfen wir unsere Talente zusammen, können wir unglaublich viel bewegen, für andere, aber auch für uns selbst. Sich das Heft des Handelns aus der Hand nehmen zu lassen, ist keine Option. Wir müssen uns informieren, positionieren, vernetzen und: handeln.

Es fing an mit dem Regen. Im Juli 2021 hatten mein Mann Thomas und ich bereits entschieden, dass wir in die Eifel zurückziehen. Thomas war schon häufiger in Mayen, ich noch überwiegend in Bayern, um ein paar Dinge zu organisieren. Es war alles so weit in Ordnung. Etwas ungewöhnlich: Thomas schickte mir am 14. Juli 2021 ständig Bilder und Nachrichten aufs Handy, was sonst nicht seine Art ist. Es regnete. Und regnete. Und regnete. Ich war mit anderen Dingen beschäftigt und realisierte überhaupt nicht, was für eine Katastrophe sich anbahnte. Heute wissen wir: In meiner Heimat fielen in der Nacht vom 14. auf den 15. Juli innerhalb von 24 Stunden mehr als 100 Liter Wasser pro Quadratmeter; allein an der Ahr starben 135 Menschen in den Fluten.

Mit unserem Pflegesohn Ahmad fuhr ich am 15. Juli von Oberbayern immer noch nichtsahnend in die Eifel. Schon auf dem Weg sahen wir viele Feuerwehr- und THW-Einsatzwagen. Später, nach unserer Ankunft in Mayen, ratterten alle paar Minuten Hubschrauber über unser Haus hinweg. Stromversorgung und Internetverbindungen waren zeitweise gestört. Dann erreichten uns die ersten Nachrichten. Zuerst die von dem Lebenshilfe-Wohnprojekt, zwölf behinderte Menschen waren in ihrem Haus von den Wassermassen eingeschlossen worden und ums Leben gekommen. Es folgten all die anderen Katastrophenmeldungen. Wir saßen im Wohnzimmer und fühlten uns absolut hilflos. Unser dominierendes Gefühl war: Wir können nichts tun.

Es gibt etliche Studien darüber, dass es keine gute Idee ist, bei scheinbar ausweglosen Situationen den Kopf in den Sand zu stecken. Das Gefühl, ohnmächtig zu sein, macht hilflos, ängstigt und stresst. Der Psychologe Albert Bandura legte schon in den 70er Jahren den Grundstein für das Konzept der Selbstwirksamkeit[15]. Bandura zeigt, wie der Glaube an die eigenen Fähigkeiten das Verhalten in herausfordernden Situationen und das Überwinden von Hindernissen beeinflusst. Menschen, die daran glauben, etwas bewirken zu können, handeln eher als jene, die resignieren. Dabei ist es auch für die eigene Psyche so viel besser, etwas zu tun, statt wie das Kaninchen vor der Schlange in Schockstarre zu verharren – selbst wenn sich das eigene Handeln angesichts einer großen Katastrophe noch so gering anfühlen mag.

Bei der Ahrtalkatastrophe war klar: Ich kann keine Trümmer wegräumen oder Verletzte pflegen. Also habe ich überlegt, wo meine Stärken liegen. Ich besann mich auf mein über Jahrzehnte aufgebautes Netzwerk und begann, in den sozialen Medien über die verheerenden Zustände nach der Flut zu schreiben. So erreichte ich in kürzester Zeit sehr viele Menschen und bat um Unterstützung für die Flutopfer. Einige berufliche Kontakte sprach ich direkt an, darunter auch den Vorstand von Bosch Siemens Hausgeräte. Das war etwas surreal, denn ich hatte gerade erst einige der – nun in ganz anderer Mission adressierten – Führungskräfte darüber informiert, dass ich Bosch verlassen würde. Meine persönliche Situation war für mich eben noch so groß gewesen und jetzt war sie plötzlich komplett bedeutungslos.

Auf meinen Aufruf, ob mir nicht Social-Media- und PR-affine Menschen dabei helfen könnten, eine Kommunikationsplattform aufzubauen, reagierten auch Personen, die ich überhaupt nicht kannte. Gemeinsam haben wir die Plattform #FlutMut aufgebaut, die sich bis heute für die Menschen im Ahrtal und für eine positive Kommunikation über all die Projekte und Initiativen einsetzt. #FlutMut hat mich einmal mehr in meinem Glauben bestärkt, dass ich in einer Gemeinschaft mit Gleichgesinnten sehr viel bewegen kann.

Jede und jeder hat ein Talent und jede und jeder kann anderen helfen. Das ist keine Frage von Bildung oder Wohlstand, sondern schlicht eine Frage der Mitmenschlichkeit. Die Krisensituation im Ahrtal hat offenbart, wie überwältigend hoch die Hilfsbereitschaft ist. Aus dem ganzen Land haben sich Menschen aufgemacht, um zu helfen, darunter besonders viele junge Menschen und viele Geflüchtete. Unternehmen engagierten sich mit Geld- und Sachleistungen, ausländische Regierungen boten ihre Unterstützung an, Vereine aktivierten ihre Mitglieder. So beispiellos wie diese Flut war, so beispiellos war die Solidarität. Sie zeigt, zu welch großartigen Leistungen Menschen in der Lage sind, wenn sie gemeinsam anpacken. Die Menschen hier in der Region werden diese Hilfe niemals vergessen. 2021 war ein Jahr, in dem die Coronapandemie zu vielerlei Verwerfungen und Spaltungen in der Gesellschaft geführt hatte – als es darum ging, zu helfen, waren diese zersetzenden Diskussionen für einen Moment überhaupt kein Thema mehr.

» Ehrenamtliches Engagement schafft Gemeinsinn – und der ist in einer Zeit, in der es viele Versuche gibt, die Gesellschaft zu spalten, wichtiger denn je. «

Laut dem Freiwilligensurvey engagieren sich in Deutschland rund 29 Millionen Menschen in einem Ehrenamt, das sind 39,7 Prozent der Bevölkerung ab 14 Jahren[16]. Allerdings wird der Survey nur alle fünf Jahre erhoben – die aktuellste Erhebung stammt aus dem Jahr 2019, also aus der Vor-Corona-Zeit. Die Pandemie hat dazu geführt, dass unter anderem den Sportvereinen viele Freiwillige dauerhaft ferngeblieben sind. Trotzdem ist davon auszugehen, dass sich immer noch überwältigend viele Menschen für andere engagieren. Das ist großartig. Und notwendig. Denn ehrenamtliches Engagement ist enorm wichtig für unsere Demokratie. »Eine starke Demokratie lebt von aktiven Bürgerinnen und Bürgern, die im Sinne des Gemeinwohls mitgestalten«, heißt es auf der Website des Innenministeriums.[17]

Wo sonst treffen so unterschiedliche Menschen mit so unterschiedlichen Perspektiven aufeinander? Wenn Menschen zusammen einen Spielplatz bauen, Geflüchteten helfen, bei der Freiwilligen Feuerwehr aktiv sind, Müll sammeln, straffällige Jugendliche unterstützen, Sportgruppen trainieren oder bei einer Tafel Essen ausgeben, dann sind ihre Herkunft, ihr Bildungsgrad und ihr Einkommen völlig egal. Sie sind dann einfach eine Gruppe von Gleichgesinnten. Im Ehrenamt tritt man aus seiner eigenen Blase heraus und lernt Menschen kennen, denen man sonst nie begegnet wäre. Das schafft Gemeinsinn – und der ist in einer Zeit, in der es viele Versuche gibt, die Gesellschaft zu spalten, wichtiger denn je.

Davon profitiert aber nicht nur die Gemeinschaft, sondern auch das Individuum. Denjenigen, die stark mit ihrer Selbstoptimierung beschäftigt sind, ist ehrenamtliches Engagement schon aus therapeutischen Gründen zu empfehlen. In der ehrenamtlichen Arbeit ist kein Platz für die Sorge darüber, ob man nicht doch besser noch eine dritte Fremdsprache lernen sollte, was konkret für den nächsten Karriereschritt zu tun ist oder wie sich die berufliche Performance noch verbessern lässt. Oprah Winfrey und Arthur C. Brooks schreiben in ihrem Buch über das Glücklichsein, ein Prinzip des emotionalen Selbstmanagements sei es, so »selbstlos wie möglich gut zu anderen zu sein«. Das bedeute, die eigene beständige Aufmerksamkeit von sich selbst und den eigenen Wünschen wegzulenken, »indem Sie weniger in den Spiegel blicken, Ihre Spiegelung in den sozialen Medien unbeachtet lassen, weniger Aufmerksamkeit dem widmen, was andere über Sie denken, und gegen Ihre Neigung ankämpfen, Menschen darum zu beneiden, was diese haben, Sie jedoch nicht«[18].

Tatsächlich macht Helfen glücklich – und zwar die helfende Person. In einer Studie von 2019 belegten die Psychologen Adam Waytz und Wilhelm Hofmann, dass Menschen, die »eine moralische Handlung zugunsten anderer« ausführen, also sich aktiv um andere kümmern, einen größeren Sinn und mehr Selbstkontrolle im Leben spüren, und zudem weniger Wut und soziale Isolation empfinden.[19] In seinem Essay »So gut, um wahr zu sein« schreibt der Psychologe und Journalist Victor Sattler über Altruismus: »Eine gute Tat bringt Menschen erwiesenermaßen Freude und Befriedigung. Sie verschafft vielen Leuten eine ›Herzerwärmung‹, wie es der Psychologe Daniel Batson nannte. Gelebte Hilfsbereitschaft verleiht dem Leben Sinn und Bedeutung, wie eine Religion oder eine Form von Selbstverwirklichung. Sie kann der Imagepflege oder der Gruppenzugehörigkeit dienen, ist für mögliche Liebespartner attraktiv und hilft nicht zuletzt dabei, eine gute Meinung von sich selbst zu haben.«[20]

Thomas und mir hat unser ehrenamtliches Engagement sogar zu einer Wahlfamilie verholfen: Was 2015 mit unserer Unterstützung für geflüchtete Menschen in einem bayerischen Dorf begann, hat schließlich dazu geführt, dass wir mit unseren zwei Pflegesöhnen Ahmad und Mohamad eine sehr enge Bindung eingegangen sind.

Ein Ehrenamt erdet und relativiert die eigene Position. Andere zu unterstützen, hilft bei der Bewertung, ob es einem tatsächlich gut oder schlecht geht. Der Perspektivwechsel schärft den Blick auf das eigene Leben. Für manche ist es vielleicht auch eine wohltuende Befreiung aus ihrem Berufsalltag, in dem sie sich stark anpassen müssen und permanent hohen Erwartungen ausgesetzt sind. Menschen, die sich in der Telefonseelsorge engagieren, Sterbende begleiten, Alte pflegen oder Katastrophenhilfe leisten, kalibrieren sich neu.

» Ich bin überzeugt, dass es sowohl
für die eigene Seele als auch für ein
besseres Miteinander in der Zukunft
unabdingbar ist, etwas für die
Gemeinschaft zu tun. «

Wenn ich Zukunft gestalten will, muss ich mich beteiligen. Ich kann nicht erwarten, dass die politisch und gesellschaftlich agierenden Menschen das tun, was ich gerne hätte, sondern muss mich einbringen, muss handeln. Ein gutes Miteinander braucht Menschen, die sich engagieren. Es gibt politische Strömungen, die genau das verhindern wollen. Anfeindungen und Bedrohungen, generell die Tendenz, anderen nicht mehr zuzuhören, führen dazu, dass immer weniger Menschen in die Politik gehen. Ein positiver Kontrapunkt waren die großen Demonstrationen gegen rechts, die nach den Enthüllungen des Recherchenetzwerk Correctiv im ganzen Land stattfanden[21]. Auch da zeigte sich wieder der Gemeinsinn, in diesem Fall für die Demokratie. »Das gemeinsame Aufstehen gegen Rechtsextremismus und für Demokratie schafft ein lange vermisstes gesellschaftliches Wir-Gefühl. Dieses Zugehörigkeitsgefühl verstärkt sich vor allem, wenn man während der Demonstrationen mit unbekannten Gleichgesinnten ins Gespräch kommt«, schreibt das Kölner rheingold Institut in einer Untersuchung zu der psychologischen Wirkung der Demonstrationen gegen Rechtsextremismus im Januar 2024.[22] Das Grundgefühl vieler Wähler sei von großen Ohnmachtsgefühlen angesichts multipler großer und kleiner Krisen – Krieg, Corona, Migration, Inflation, Radikalisierung der Gesellschaft – geprägt sowie von einer wachsenden Sehnsucht nach spürbarer Bewegung. Jeder verschanze sich in seinen »Bubbles« oder ziehe sich in soziale Bollwerke zurück, die immer enger und hermetischer würden, so rheingold.

Diesen Bubbles müssen wir dringend entgegenwirken. Wir brauchen mehr Engagement für politische Bildung und wir müssen uns mit Sachverhalten direkt auseinandersetzen, anstatt nur die Informationen Dritter zu konsumieren. In dem Moment, in dem ich nur noch konsumiere, was andere mir vorsetzen, übergebe ich ihnen Macht. 1784 hat Immanuel Kant gesagt: »Habe Mut, dich deines eigenen Verstandes zu bedienen!« Sein Wort gilt.

Es ist für unsere Gemeinschaft essenziell wichtig, dass wir uns politisch informieren, zuhören und uns positionieren. Statt die Bürgermeisterin oder den Gemeinderat, die Ministerin oder gleich die ganze Regierung für alle Miseren verantwortlich zu machen oder zu erwarten, dass der Staat alles für mich regelt, muss ich selbst aktiv werden und versuchen, in der Gemeinschaft Probleme zu lösen. Denn der Staat sind wir alle, und damit bin ich ein Teil des Ganzen und kann nicht bloß in der Position der kritischen Beobachterin bleiben. Die Demonstrationen haben gezeigt: Die Erfahrung, mit sehr vielen Menschen für die gleiche gute Sache aufzustehen, bleibt positiv haften und motiviert bestenfalls, sich darüber hinaus zu engagieren. Ich bin überzeugt, dass es sowohl für die eigene Seele als auch für ein besseres Miteinander in der Zukunft unabdingbar ist, etwas für die Gemeinschaft zu tun.

Dabei spielt auch die Wirtschaft eine wichtige Rolle. Mit dem »Corporate Volunteering« unterstützen immer mehr Unternehmen aktiv das individuelle, gemeinnützige Engagement ihrer Mitarbeitenden. Ehrenamtstage und projektbezogene Teamaktionen stärken Teamgeist und Mitarbeiterbindung, fördern soziale Kompetenzen und wirken sich positiv auf Unternehmenskultur und Arbeitgeberattraktivität aus. Alle gewinnen: die Unternehmen, die Mitarbeitenden und die unterstützten Projekte.

Das Ehrenamt ist auch ein gutes Training für künftige Führungsaufgaben, weshalb ich jungen Menschen schon immer empfehle, sich freiwillig zu engagieren. Sie lernen, wie Menschen miteinander gut funktionieren, wenn es um eine gemeinsame Sache geht, und entwickeln einen Blick für ihre eigenen Fähigkeiten und Leidenschaften. Und: Sie erleben, was sich gemeinsam bewegen und gestalten lässt. Diese Erfahrung gibt Kraft für andere Dinge. Das Ehrenamt ist aus meiner Sicht die einfachste Form des Netzwerkens.

Netzwerke sind für mich eine Facette von Gemeinschaft. Meine Grundidee von einem Netzwerk ist, dass immer alles für irgendetwas gut ist. Ich bin bis heute in Netzwerken aktiv, in denen die Menschen an der Expertise, an dem Wissen oder an dem Engagement von Einzelnen teilhaben. Wenn ich etwas gebe, bekomme ich es doppelt zurück, das habe ich am eindrucksvollsten bei der Ahrflut erlebt. Im Laufe meiner Karriere haben insbesondere berufliche Netzwerke immer mehr an Bedeutung gewonnen. Digitalisierung und Globalisierung machten es deutlich einfacher, mit Menschen überall auf der Welt Kontakte zu knüpfen, virtuell Themen zu diskutieren und sich gegenseitig zu unterstützen. Trends wie Employer Branding und Corporate Influencer sorgten außerdem dafür, dass Unternehmen und Führungskräfte die Vorteile des analogen wie digitalen Netzwerkens für sich erkannt haben.

Bis zu meinem Start bei Fujitsu Anfang 2014 beschränkte sich das traditionelle Networking in meinem Berufsleben auf Kundenevents, Lieferantentreffen, interne Firmenveranstaltungen oder Messen. Mit meinem Wechsel in die Führungsriege des japanischen Konzerns – als erste Frau und als erste Quereinsteigerin – wurde ich Teil von etablierten und meist zu 90 Prozent männlich besetzten Netzwerken, wie dem Arbeitgeberverband, der Industrie- und Handelskammer oder dem Münchner Kreis, einer Vereinigung, die sich mit der Digitalen Transformation beschäftigt. Solche Zirkel sind unter anderem dann sehr hilfreich, wenn es um rechtliche oder fachlich schwierige Fragen geht oder der direkte Kontakt zur

Politik notwendig ist. Bei den Restrukturierungen an den Fujitsu-Standorten Augsburg und Paderborn habe ich in den etablierten Netzwerken wertvolle fachliche Hilfe gehabt, mit der ich meine Arbeit besser machen konnte.

>> *Wer sein Netzwerk erweitern möchte, sollte die Komfortzone verlassen.* <<

Parallel dazu lernte ich Netzwerke für Frauen kennen. Veranstaltungen wie die Global Female Leaders Conference, Global Digital Women oder herCareer brachten mich mit gleichgesinnten weiblichen Führungskräften und Gründerinnen zusammen. Ich traf zum ersten Mal auf überwiegend deutsche und meist viel jüngere weibliche Führungskräfte und Gründerinnen. Das war unglaublich inspirierend und erfrischend, denn ich hatte beruflich nur wenig mit Frauen zu tun. Auch die thematische Öffnung war für mich, die ich in inhaltlich sehr geschlossenen Fachbereichen gearbeitet hatte, eine Quelle neuer Ideen – weit weg von dem streng getakteten und optimierten Businessalltag, in dem eigentlich alles immer unmittelbar nützlich sein muss.

Es ist bereichernd, aus dem eigenen fachlichen Kosmos herauszutreten und zu erfahren, womit sich andere Menschen beschäftigen. Einerseits relativiert es das eigene Tun und macht klar, dass man nicht der Nabel der Welt und manches im eigenen Berufsleben vielleicht doch nicht so dramatisch wichtig ist wie angenommmen. Und andererseits lernt man eine Menge dazu. Außerdem bieten Netzwerke die Möglichkeit, aktiv für Anliegen zu werben. Gemeinsam mit meinem Freund und Kollegen Gerd Jooss habe ich mich damals über die sozialen Medien dafür stark gemacht, Fujitsu in Deutschland als ein buntes, diverses Unternehmen zu positionieren. Gerd ist bis heute Vorsitzender des Fujitsu Pride-Networks in der Region Central & Eastern Europe. Unser Engagement sorgte für Aufmerksamkeit in der Politik, aber auch in internationalen Netzwerken. Diese Kontakte und alles, was ich in dieser Zeit über LGBTQI gelernt habe, halfen mir später, die Themen Vielfalt und Inklusion bei Bosch zu etablieren.

Netzwerke aufzubauen, sich gemeinsam für eine gute Sache einzusetzen, andere zu unterstützen und selbst Unterstützung zu erfahren, Wissen und Ressourcen auszutauschen und kollektiv an Lösungen zu arbeiten, ist nach meiner Überzeugung der einzig gangbare Weg, um die schwierigen Herausforderungen in Politik und Gesellschaft zu meistern.

MEIN IMPULS
WIR KÖNNEN ZUKUNFT – ALLE ZUSAMMEN

Wir brauchen Gemeinsinn, um unsere Zukunft gut zu gestalten. Die Aufgaben in der Politik, in der Gesellschaft und angesichts des Klimawandels sind viel zu groß, um sie als einzelner Staat, einzelne Partei, einzelner Mensch allein zu bewältigen. Das Zukunftsinstitut bringt es wie folgt auf den Punkt: »Gesellschaftliche Resilienz erwächst aus einem zukunftsgewandten Zusammenhalt. Der kollektive Umgang mit Krisen kann nur gemeinsam gelingen – in Form eines progressiven Wir, das Solidarität, Vertrauen und Vielfalt stärkt.«[23]

Wir können Zukunft, aber wir können Zukunft nicht allein. Das geht nur gemeinsam. Leicht geschrieben, schwer gemacht. Denn gemeinsam heißt: Ich muss meine Komfortzone, meine Blase, und was es sonst noch für Begriffe für den eigenen kleinen Radius geben mag, verlassen und mich für andere Menschen und deren Blick auf die Welt und das Leben öffnen. Das Ehrenamt kann dabei helfen. Bei der Feuerwehr, dem Roten Kreuz, im Sportverein oder in der Nachbarschaftshilfe treffen wir auf Menschen, die vieles nicht so sehen wie wir. Die in vielem vielleicht anderer Ansicht sind. Die aber dasselbe Ziel haben – anderen zu helfen. Das Dorf zu verschönern; endlich wieder einen Einkaufsladen im Ort zu haben, den die Gemeinschaft als Genossenschaft trägt; gemeinsam Musik zu machen und andere damit erfreuen. Was immer es auch ist: Ein gemeinsames Ziel bringt Menschen zusammen, manchmal auch solche, die sonst nie miteinander in näheren Kontakt kämen. Genau das brauchen wir, wenn wir erfolgreich Zukunft machen wollen: unterschiedliche Fähigkeiten, unterschiedliche Fertigkeiten, unterschiedliche Ansätze zur Problemlösung.

Sehr, sehr viele Menschen in Deutschland engagieren sich bereits für das Gemeinwohl, wenn vielleicht auch nicht mehr in traditionellen Vereinen und Verbänden. Die Wissenschaftlerinnen und Wissenschaftler vom groß angelegten Forschungsprojekt »ENGAGE – Engagement für nachhaltiges Gemeinwohl«[24] an der Universität Münster stellen insgesamt eine quantitative Zunahme politischer Beteiligung und freiwilligen Engagements in der deutschen Bevölkerung fest. Der Trend gehe dahin, in individuell organisierten Initiativen aktiv zu werden, die auch unverbindliches und kurzfristiges Engagement ermöglichen.[25] Das zentrale Motiv:

»sich gestaltend in die Gesellschaft einbringen zu wollen.« Es stimmt also, was unter anderem bei den Großdemonstrationen für Demokratie und eine offene Gesellschaft Anfang 2024 auf vielen Plakaten zu lesen war: »Wir sind viele!«

Durch das Teilen von Wissen und Ressourcen kann jede und jeder von uns dazu beitragen, die Welt ein bisschen besser zu machen. Zugleich tun wir damit auch noch etwas für uns selbst, denn mit und für andere an einer guten Sache beteiligt zu sein, ist sinnstiftend, macht zufrieden und glücklich.

WANDEL GESTALTEN STATT ERLEIDEN

Eine gute Zukunft braucht Offenheit für Transformation, Konstanz in der Werteorientierung und eine gute Portion Optimismus. Wandel findet statt, ob wir wollen oder nicht. Ob sich unser Leben zum Positiven oder zum Negativen verändert, hängt letztlich auch davon ab, wie gut wir informiert sind, wie stark wir uns einbringen, wie zuversichtlich wir sind und wie wir uns entscheiden.

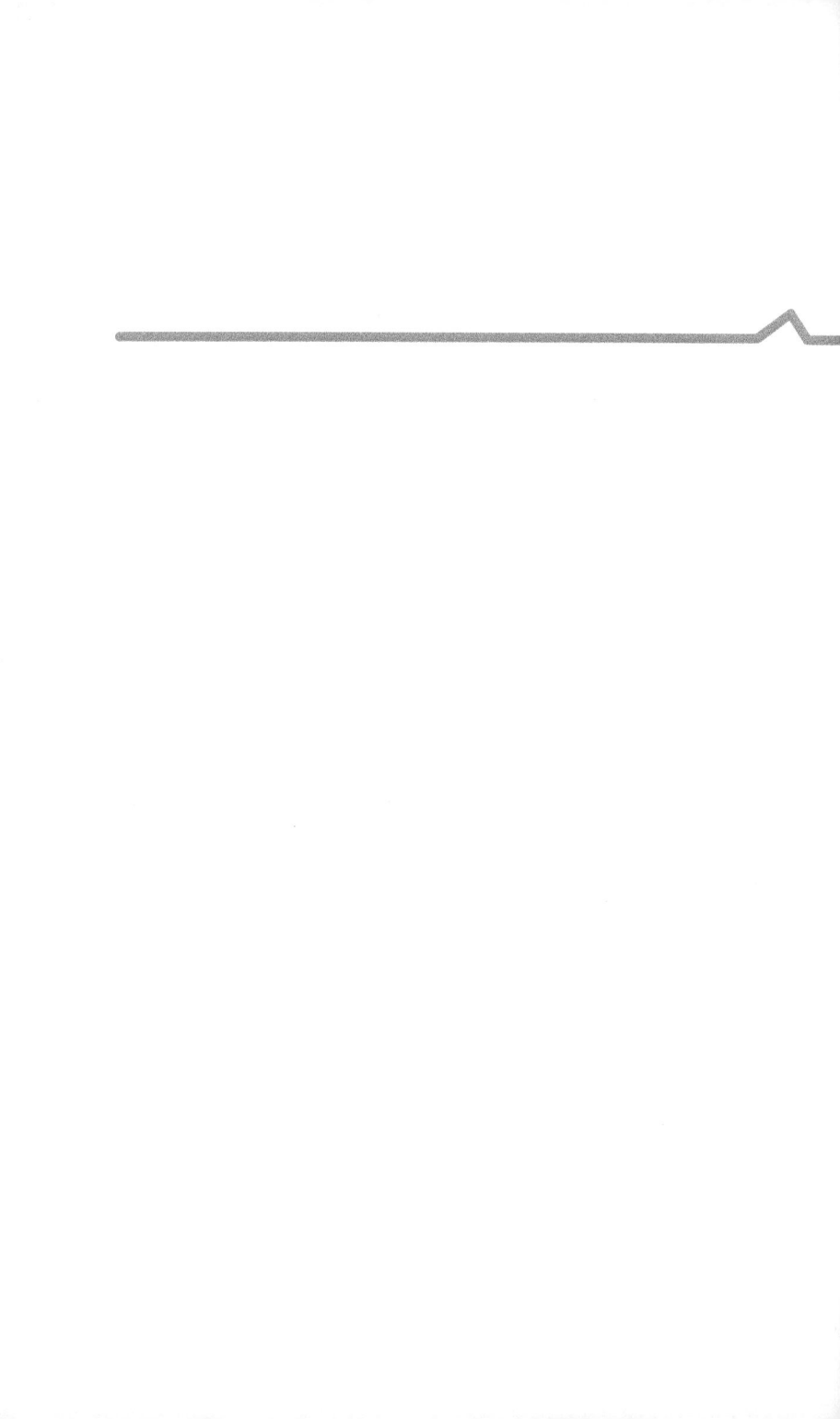

Es war 2016 auf einem Geburtstag am Tegernsee. Das Fest fand in schönster Kulisse statt. Ich kam mit einem Unternehmer ins Gespräch, der erfolgreich internationale Geschäfte macht und in der Region sehr angesehen ist. Nach kurzer Zeit begann er, über die Situation mit den Flüchtlingen zu jammern: Es sei ein Fehler, sie ins Land zu lassen, wohin das nur führen solle, es werde schlimm ausgehen und so weiter. Ich habe ihn gefragt, wie viele geflüchtete Menschen er denn persönlich kennen würde. Er wich mir aus. Also habe ich ihm ein Angebot gemacht: Er solle zu uns nach Warngau kommen, aus dem dortigen Flüchtlingsheim vier, fünf Menschen einladen, ich würde für alle bei uns zuhause kochen und wir könnten alle miteinander reden. Wenn er nach diesem Treffen immer noch dieselbe Meinung verträte, würde ich sie respektieren. Da wurde er nervös und wusste nicht mehr, was er sagen sollte. Meine Einladung hat er nicht angenommen. Ein EM-Spiel begann, er musste nach Hause vor den Fernseher.

Wandel findet permanent statt. Sind die Zeiten mal etwas ruhiger, wissen wir das in der Regel immer erst im Nachhinein zu schätzen. Es mag menschlich verständlich sein, sich nach Konstanz zu sehnen, aber die Realität ist eine andere. Sicherlich ist die Bewältigung von Wandel komplexer, als man das gerne hätte. Vereinfachung ist aber allenfalls bequem und definitiv keine Lösung.

Die weit überwiegende Mehrheit der Menschen weiß, dass die Zeit nun mal nicht stehenbleibt. Viele, die möchten, dass alles so bleibt, wie es ist, leitet Angst. Angst, etwas zu verlieren; Angst, dass es ihnen in Zukunft schlechter gehen könnte; Angst, dass sie ihr Verhalten ändern müssen. Diese Ängste müssen adressiert und ernst genommen werden. Es ist eine Form von Respekt, mit den Sorgen und Befürchtungen der Menschen gut umzugehen und zu signalisieren, dass sie nicht dumm oder schlecht sind, weil sie nicht angesichts jeder neuen Entwicklung gleich Hurra schreien. Es ist in Ordnung, Angst zu haben. Aber: Angst bringt niemanden weiter.

»Die Verhaltensökonomie lehrt uns, dass die Angst vor Verlusten schwerer wiegt als die Freude über einen Gewinn. Man nennt das Verlustaversion. Und wir haben in Deutschland viel zu verlieren: Wir sind eines der wohlhabendsten Länder der Welt. Wenn man ganz oben angekommen ist, ist die Angst vor dem Absturz am größten«, erklärt der Ökonom Andreas Peichl den derzeit weit verbreiteten Pessimismus in Deutschland.[26] Nach der Finanzkrise habe Deutschland die zehn wirtschaftlich stärksten Jahre in seiner Geschichte erlebt. Dann kamen: Pandemie, Russlands Angriffskrieg, Inflation. Trotz dieser sehr realen Krisen sieht Andreas Peichl für die deutschen Zukunftsängste noch einen anderen Grund: »Im Ausland ist oft von der ›German Angst‹ die Rede. Es gibt hierzulande bei vielen Themen die Tendenz, sehr vorsichtig zu agieren. Wo man in anderen Ländern die Chancen sieht, fürchtet man bei uns zuerst die Risiken. Selbst dann, wenn deren Eintritt äußerst unwahrscheinlich ist.« Die Deutschen, sagt Peichl, können mit Veränderungen schlecht umgehen. Das sollte uns nachdenklich stimmen – und wir sollten es als Gemeinschaftsaufgabe betrachten, veränderungsfähiger und -freudiger zu werden.

Der Soziologe Andreas Reckwitz spricht von einer »Fortschrittsgesellschaft ohne Fortschrittsglauben.«[27] Fast die Hälfte der Menschen in Deutschland geht davon aus, dass es ihnen in zehn Jahren schlechter gehen wird als heute, 70 Prozent erwarten für die jüngere Generation einen geringeren Lebensstandard, schreibt der Spiegel.[28]

Im World Happiness Report rutschte Deutschland im Jahr 2024 von Platz 16 auf Platz 24 ab[29] und das Wort des Jahres 2023 lautet tatsächlich: Krisenmodus.[30] Kurzum: Die Stimmung ist schlecht. Und schlechte Stimmung ist ansteckend. Sie führt zu nichts Geringerem als psychischen Problemen, destruktivem und populistischem Geschrei sowie der Gefahr einer massiven negativen Beeinflussung von Leistungsfähigkeit und Wirtschaft. Es ist höchste Zeit, gegenzusteuern.

≫ *Früher war nicht alles besser –* *es war nur anders.* ≪

Mein Vater war CDU-Politiker, er arbeitete für den damaligen Arbeitsminister Norbert Blüm. Was in der Politik geschah, war bei uns zuhause also immer ein präsentes und wichtiges Thema. Mir ist das Jubiläum des Hambacher Festes als eine Art »politisches Erweckungserlebnis« noch gut in Erinnerung. Ich lebte damals in Neustadt an der Weinstraße, also in unmittelbarer Nähe des Hambacher Schlosses. Dort hatten sich 1832 auf dem berühmten Hambacher Fest mehr als 25.000 Menschen versammelt und politische Freiheit und Volkssouveränität gefordert. Das historische Ereignis gilt als erste politische Massendemonstration in Deutschland. 1982, zum 150sten Jahrestag, gab es eine große Erinnerungsfeier mit Konzerten und Reden. Für mich war das eine Initialzündung, mich jenseits meines Elternhauses mit Politik auseinanderzusetzen.

Noch bevor ich das erste Mal wählen durfte, tauchten die Grünen in der politischen Landschaft auf und veränderten die öffentliche Debatte. Wir diskutierten in der Schule und untereinander viel über den Ost-West-Konflikt, die Stationierung der Pershings, die Friedensbewegung oder drohende ökologische Katastrophen wie das Ozonloch und den sauren Regen.

Es gab noch kein Internet, weshalb wir darauf angewiesen waren, miteinander zu sprechen, um verschiedene Meinungen kennenzulernen. Die Standpunkte waren nicht verhärtet, man konnte an verschiedene Gruppen andocken. Während sich die Mitglieder etablierter Parteien und der Großteil unserer Eltern darüber aufregten, dass Joschka Fischer zu seiner Vereidigung als erster grüner Minister im hessischen Landtag Turnschuhe trug, haben wir Jugendliche uns über den neuen Wind in der Politik gefreut. Es gab Popper und es gab Ökos und noch ein paar andere Gruppen, deren Mitglieder zwar alle verschieden aussahen und verschiedene Ansichten vertraten, aber friedlich koexistierten. Wir hatten viele Möglichkeiten, uns irgendwo zugehörig zu fühlen, und es gab immer Menschen, die daran interessiert waren, sich mit den gleichen Themen auseinanderzusetzen wie man selbst. Mich hat diese Zeit mit ihren großen Veränderungen geprägt. Und sie hat mich dafür sensibilisiert, wachsam auf das zu schauen, was sich ändert.

Ich halte es für reine Sentimentalität und romantisierende Verklärung, wenn Menschen in Deutschland behaupten, früher sei alles besser gewesen. Viele weinen einfach ihrer vergangenen Jugend hinterher, denn bei genauem Hinsehen ist es meist nicht der Fall, dass irgendetwas früher tatsächlich besser war – es war nur anders. Ich glaube, bei diesen Erinnerungen spielt uns die Psyche einen Streich. Wir Menschen sind bekanntlich Meisterinnen und Meister im Verdrängen negativer Ereignisse.

Auch wenn viele Ältere gern auf die vermeintlich gute alte Zeit zurückblicken, ist das Vorurteil Unsinn, dass man sich per se ab einem gewissen biologischen Alter mit dem Wandel schwertut. Es gibt viele Beispiele dafür, dass sich Menschen jedes Alters anpassen. Meine Generation, die bald zu den Alten zählt, hat während der letzten Jahrzehnte zahlreiche Veränderungen erlebt. Als ich ins Berufsleben startete, haben wir noch manuell in den Kontosalden gebucht. Ich habe mit der Hand Briefentwürfe geschrieben, die anschließend im Schreibbüro getippt wurden. Irgendwann hatte ich eine eigene Schreibmaschine, dann ein Datensichtgerät, dann einen Computer. Heute lassen sich diese Aufgaben auf dem Handy und sehr bald per Sprache mittels einer KI erledigen. Seit den 80er Jahren hat sich also sehr viel verändert; die Menschen meiner Generation haben definitiv gelernt, damit umzugehen. Das Altersargument sticht nicht.

» *Der Elefant muss in Scheiben geschnitten werden.* «

Wenn wir unsere Zukunft mit einem breiten gesellschaftlichen Konsens gestalten wollen, müssen möglichst viele Menschen Veränderungen als normal akzeptieren und miteinander ins Gespräch kommen. Demokratie funktioniert nicht, indem eine dem anderen sagt: *Ich weiß, was gut für dich ist.* Im Prinzip ist Demokratie ein permanenter Dialog. Gerade bei den wichtigen Themen muss man zulassen, dass Menschen eine andere Meinung vertreten, und in der eigenen Argumentation so konkret wie möglich sein. Ich habe während meines Berufslebens unzählige Meeting-Runden erlebt, in denen sehr viel erzählt, philosophiert und schwadroniert wurde. Je konkreter Inhalte sind, desto weniger Raum hat polemisches Gelaber und gegenseitiges Aufschaukeln und umso greifbarer ist das Kernthema, das man besprechen, bearbeiten und dann auch lösen kann.

Wandel zu ignorieren oder die Auseinandersetzung mit Veränderungen aufzuschieben, schafft nur zusätzliche Probleme. Am Ende ist es immer das Gleiche: Der Elefant muss in Scheiben geschnitten werden. Ein Problem wird immer größer und mächtiger, je länger es ignoriert wird. Es anzupacken, ist immer die bessere Variante. Beginnend mit den Themen, die am dringlichsten sind.

Also zum Beispiel die Sorge, durch einen gesellschaftlichen Wandel etwas zu verlieren. Was können wir verlieren? Verlieren wir tatsächlich? Gibt es im Gegenzug auch etwas zu gewinnen? Wenn nicht: Wie gestalten wir Verluste so schmerzfrei wie möglich? Die Antworten auf diese Fragen verschaffen Klarheit. Und noch einmal: Je konkreter wir die einzelnen Probleme angehen, umso wahrscheinlicher finden wir eine gute Lösung.

Sobald man sich mit großen gesellschaftlichen oder technologischen Veränderungen im Detail auseinandersetzt, verlieren sie das Furchteinflößende und Lähmende. Die Künstliche Intelligenz ist ein schönes Beispiel: Die Technologie gibt es schon seit den 70er Jahren. Seit OpenAI im November 2022 Chat GPT für eine breite Öffentlichkeit zugänglich machte, nahm die Debatte über die Risiken der KI mächtig an Fahrt auf. Es werden Horrorszenarien skizziert, was die KI in unserem Leben anrichten wird. Die EU hat als erstes Organ in der Welt Richtlinien zu »AI Ethics« verabschiedet.

Wenn Menschen einfach mal selbst ausprobieren, was so eine Bild- oder Textgenerierung kann, dann verliert die Technologie ihren Nimbus. Durch den direkten Kontakt können sie die Vorteile der KI entdecken und zugleich Risiken und mögliche Veränderungen besser einschätzen. So läuft es bei vielen Dingen: Haben die Menschen die Gelegenheit, etwas selbst zu erfahren, dann bilden sie sich eine eigene Meinung und sind meist nicht mehr einer Stimmungsmache ausgeliefert.

Ein anderes Beispiel ist das autonome Fahren. Vor der Coronapandemie war das autonome Fahren ein riesiges, kontrovers diskutiertes Thema. Im Moment redet kaum jemand darüber, weil es kein akutes Problem löst. Aber: Wir haben in unseren Autos mittlerweile viele Assistenzsysteme, die uns in kleinen Schritten immer mehr Aufgaben abnehmen, zum Beispiel, wenn es um Sicherheitsabstände oder ums Einparken geht. Damit passen sich die Autohersteller den Wünschen der Menschen an. Sie geben ihrer Zielgruppe nach wie vor die Möglichkeit, konventionell zu fahren, entwickeln ihr Produkt aber um akzeptierte Funktionen weiter. Vielleicht mündet dieser Prozess irgendwann im autonomen Fahren, einfach, weil die Menschen die Vorteile ganz unmittelbar – und hier sogar im Wortsinn – erfahren.

>> *Wer mit Flüchtlingen spricht, wird weniger Angst vor Flüchtlingen haben. Wer sich mit der eigenen Rolle im Klimawandel beschäftigt, wird versuchen, sich umweltfreundlicher zu verhalten. Wer sich mit dem Zustand der Demokratie auseinandersetzt, wird kritisch hinterfragen, welche Informationen glaubwürdig sind.* <<

Um Menschen in der Transformation mitzunehmen, braucht man eine gute Kommunikation, eine einfache Sprache, überzeugende Ideen und Zuversicht. Aber am wichtigsten ist die Einbindung. Wer mit Flüchtlingen spricht, wird weniger Angst vor Flüchtlingen haben. Wer sich mit der eigenen Rolle im Klimawandel beschäftigt, wird versuchen, sich umweltfreundlicher zu verhalten. Wer sich mit dem Zustand der Demokratie auseinandersetzt, wird kritisch hinterfragen, welche Informationen glaubwürdig sind.

Die Herausforderungen, die manche Veränderungen mit sich bringen – Stichwort Klimawandel –, werden zwar nicht kleiner, wenn man sie sich konkret ansieht. Aber sie werden greifbarer, somit lösbarer und sie taugen nicht mehr für populistische Manipulation.

Wer sich mit Veränderungen auseinandersetzt, ergreift die Chance, den eigenen Standpunkt zu überprüfen: Ist er tatsächlich fundiert? Oder nur nachgeplappert? Gerade Ressentiments und Vorurteile basieren nicht auf eigenen Erfahrungen. Aus meiner Sicht ist das passive Konsumieren von Informationen aus zweiter oder dritter Hand eine Form von Bequemlichkeit, die brandgefährlich ist. Populismus, sagt Soziologe Andreas Reckwitz, ist »Verlustunternehmertum«.[31]

Vielleicht entsteht der Eindruck von Lähmung und Schwarzseherei auch einfach deshalb, weil viele auf den letzten Metern ihres Berufslebens schnell noch lautstark ihren Senf dazugeben: Wir haben eine große Anzahl von Menschen, die in sehr naher Zukunft aus dem Arbeitsprozess aussteigen und damit hadern, dass sie vielleicht in ihrem kommenden Lebensabschnitt nicht mehr so viel Einfluss haben könnten wie bisher.

Ganz anders als vor 70 Jahren, kurz nach der Gründung der Bundesrepublik, als viele Menschen Verantwortung übernehmen wollten, bleiben heute generell viele Menschen lieber in ihren vier Wänden, beobachten die Lage und kommentieren – gern anonym über soziale Medien – alles, was ihnen nicht gefällt. Dieses Schlechtreden ist destruktiv und trägt nichts zu einer guten Zukunft bei. Im Zweifel führt es sogar zur Self-fulfilling Prophecy und die Protagonisten des Schlechtredens stellen sich dann gern hin und sagen stolz: *Wir haben es doch gleich gesagt!*

Wenn ich eine Fähigkeit habe, wenn ich eine Stimme habe, wenn ich eine Veränderung möchte, dann muss ich auch mit anpacken, Verantwortung übernehmen und meine Expertise zur Verfügung stellen. Wir haben im Moment eine ungesunde und auch nicht ungefährliche Situation des Abwartens. Manche wünschen sich sogar jemanden, der sie anführt. »Weltweit reüssiert ein Politikertypus, der den starken, alles entscheidenden Mann als Antwort auf die Herausforderungen der Gegenwart darstellt«, schreibt das Handelsblatt im Frühjahr 2024.[32] Diese Entwicklung ist mir unheimlich. Ich würde niemals die Verantwortung für meine Meinungsbildung freiwillig an irgendjemand anderen abtreten und kann nicht verstehen, warum andere das tun.

Wir sehen derzeit in Autokratien überwiegend lebensalte Männer, auf die viele Menschen ihre Wünsche projizieren: Diese Männer wissen vermeintlich, was richtig ist. Sie sind – wie viele Menschen in überalterten Gesellschaften – im letzten Drittel oder Viertel ihres Lebens angekommen und fürchten sich vor Kontrollverlust. Ihr Ziel ist definitiv nicht darauf ausgerichtet, zu einer nachhaltig guten Zukunft der Weltgemeinschaft beizutragen. Warum nur geben wir ihnen so viel Raum und Einfluss? Vielen politischen Krisen ging voraus, dass wenige Menschen großen Einfluss hatten. Wenn wir uns als Gesellschaft weiterentwickeln wollen, müssen wir uns alle einbringen. Da hilft es nicht, destruktiv zu sein. Nur wenn wir konstruktiv sind, können wir Angst überwinden und einen positiven Spirit erzeugen – und der setzt Kräfte frei.

Heute stehen uns so viele Daten zur Verfügung wie nie zuvor, um jeden Wandel mit einer qualifizierten Analyse zu begleiten. Jede und jeder kann sich umfassend informieren und ganz persönlich die entscheidenden Fragen beantworten: *Wie betrifft mich die Veränderung persönlich? Was kann ich tun? Was will ich tun? Was möchte ich nicht tun? Und wenn ich es nicht möchte: Warum nicht?*

Um denjenigen, die alles in Grund und Boden reden, nicht das Feld zu überlassen, gilt es, im eigenen Umfeld – also in der Familie, im Freundeskreis, im Job – über den politischen und gesellschaftlichen Wandel zu reden, zuzuhören, zu argumentieren und sich mit Andersdenkenden auseinanderzusetzen.

Es ist wichtig und richtig, dass sich seit Anfang 2024 immer mehr Unternehmerinnen und Unternehmer, Managerinnen und Manager aktiv an der öffentlichen Debatte beteiligen und sowohl für ihre Firmen als auch persönlich Stellung zu gesellschaftlichen Themen beziehen. Insbesondere, wenn Unternehmen nach innen und außen kommunizieren, dass sie nach definierten werteorientierten Prinzipien arbeiten, müssen solche Prinzipien auch öffentlich sichtbar werden. Anlässlich der Massendemonstrationen gegen Rechtsextremismus zeigten viele führende Köpfe aus der Wirtschaft, dass ihre Prinzipien tatsächlich mehr Wert sind als das Papier, auf dem sie stehen. Das ist ein ermutigendes Signal, das unsere Demokratie und den gesellschaftlichen Zusammenhalt stärkt.

Die über Jahrzehnte gepflegte förmliche Zurückhaltung der Wirtschaft in politischen und gesellschaftlichen Fragen ist damit dankenswerterweise vorbei. Mag sein, dass sich manches Unternehmen von einer klaren Haltung auch positive Effekte auf das Recruiting und das eigene Image verspricht – was ihnen nicht zu verübeln ist. In der Vergangenheit fürchteten viele Unternehmen, dass sie Kundschaft verlieren und sich nur Ärger einhandeln, wenn sie zu kontroversen gesellschaftlichen Themen Stellung nehmen. Heute könnten sie Kundschaft verlieren und sich Ärger einhandeln, wenn sie es nicht tun. Das ist eine gute Entwicklung: Unternehmen können sich nicht mehr heraushalten und müssen Verantwortung übernehmen.

Wichtig ist bei allem Wandel auch die Konstanz. Konstanz gibt Sicherheit und steckt einen Rahmen ab. Zum Beispiel im Finanzsystem: Wenn in diesem System zu viel Bewegung ist, wird das Risiko zu groß und es bekommt einen Glücksspielcharakter. Noch wichtiger ist ein konstanter Rechtsstaat, denn Rechtsstaatlichkeit zählt zu den wichtigsten Pfeilern unserer Demokratie. Ich glaube, ohne Konstanz gibt es keinen Wandel. Denn in einem komplett unberechenbaren Umfeld schalten wir auf Notmodus und kümmern uns zuallererst um unsere Grundbedürfnisse, für alles andere fehlen dann jegliche Kraft und Kreativität. Konstanz und damit auch Sicherheit ermöglichen es, Potenziale zu nutzen, die ansonsten für die Regulation solcher Krisen benötigt werden.

>> *Wandel bedeutet nicht, alles über Bord zu werfen. Beides, Wandel und Konstanz, hat einen Wert. Konstanz bedeutet Stabilität: Jedes Unternehmen ist bestrebt, so schnell wie möglich wieder Stabilität herzustellen.* <<

Angela Merkel hat mir immer sehr imponiert, auch wenn ich der CDU politisch nicht nahestehe. Es war ein cooler Move, dass ausgerechnet die CDU mit ihrer Adenauer- und Kohl-Historie die erste Kanzlerkandidatin nominiert hat, die zudem auch noch evangelisch war und aus dem Osten kam. Das war selbst im Jahr 2005 nicht selbstverständlich. In der Münchner Siemens-Zentrale hatte ich einen Kollegen, der mit einem führenden CSU-Politiker eng verwandt ist. Der Kollege sagte mir damals wörtlich, an seinem niederbayrischen Stammtisch würde man immer noch lieber einen Schwulen – gemeint war der FDP-Kandidat von 2002, Guido Westerwelle – als eine Frau wählen. Ich war baff angesichts einer solchen Diskriminierung in alle Richtungen. Die

Beharrungskräfte angesichts eines sich offensichtlich vollziehenden Wandels sind manchmal verblüffend.

Angela Merkel – zunächst als erste Frau im Bundeskanzleramt der Inbegriff von Veränderung – stand rund eineinhalb Jahrzehnte für etwas, worum Deutschland weltweit beneidet wurde: Konstanz und Berechenbarkeit. Aber Wandel bedeutet nicht automatisch, alles über Bord zu werfen. Wie gut es ist, wenn insbesondere in Krisen auf Basis verlässlicher Werte entschieden wird, bewies Angela Merkel unter anderem in der Finanzkrise und später dann im Umgang mit den Flüchtlingen. Ich war während der Merkel-Jahre sehr viel im Ausland unterwegs und habe erlebt, wie wertschätzend die Menschen auf sie geschaut haben. Das hatte für meine Arbeit in der globalisierten Welt große Vorteile. Leider haben die Krisenthemen Angela Merkel keine Zeit und Luft gelassen, auch einen notwendigen Wandel einzuleiten. Wie so oft war die Nachfolgeregelung nach ihrem Abgang zugunsten des Machterhalts nicht hinreichend geregelt.

Beides, Wandel und Konstanz, hat einen Wert. *Worauf müssen wir reagieren? Was aktiv verändern? Was lohnt es sich, bewahrt zu werden?* Mit diesen Fragen müssen wir uns gemeinsam aktiv auseinandersetzen. Und das mit Zuversicht.

Die Journalistin Maria Fiedler bringt es in einem Leitartikel gut auf den Punkt: »Nötig ist die Erzählung von einer Zukunft, in der man gern leben möchte. Wie sieht eine erfolgreiche Bundesrepublik in 20 Jahren aus? Worauf beruht ihr Wohlstand? In welcher Umwelt leben ihre Bürger? Wie lässt sich Frieden und Sicherheit erreichen? Ob dieses positive Zukunftsbild nun Deutschland als Hightech-Nation mit den klügsten KI-Entwicklern vorsieht oder als erfolgreiches Entwicklungslabor für klimaneutrale Energiegewinnung: Das Entscheidende an einer Vision ist, dass sie motiviert. Dass man sich hinter ihr versammeln kann. Die Botschaft muss sein: Es gibt Grund zur Zuversicht. Und sie muss glaubwürdig sein. Wahr ist aber auch, dass die Politik nur einen Teil der Arbeit machen kann. Sie kann die Richtung vorgeben, einen Plan präsentieren, Rahmenbedingungen schaffen. Damit es wirklich bergauf geht, müssen auch die Bürgerinnen und Bürger mitziehen. Sie müssen bereit sein, sich für die gute Zukunft anzustrengen. Und das geht nur mit einer Portion Optimismus.«[33]

Dem ist nichts hinzuzufügen. Außer vielleicht: Sich zum Fußballgucken zu verabschieden, ist keine besonders adäquate Reaktion.

MEIN IMPULS
WIR KÖNNEN ZUKUNFT – MIT ZUVERSICHT

Wir brauchen eine offene und konstruktive Auseinandersetzung mit dem Wandel, um unsere Zukunft gut zu gestalten. Wandel ist nichts Schlimmes. Im Gegenteil: Wandel muss sein, sonst gäbe es keine Geschichte. Jede und jeder Einzelne und die Gesellschaft müssen lernen, Veränderung als normal anzusehen. Wir haben viele Jahrzehnte lang die wirtschaftliche Entwicklung mit ihrem stetigen Wachstum, die politische Sicherheit und Stabilität als Normalität betrachtet und dabei völlig verlernt, mit Unsicherheit umzugehen. Wandel und Unsicherheit sind aber normal. Wenn wir den Umgang mit ihnen wieder erlernen, werden wir resilient und offen für Neues. Dafür müssen wir Vertrauen in uns selbst, in die anderen und in eine positive Zukunft entwickeln.

Den Wandel können wir nur selbst gestalten. Es kommt auf jede und jeden an. Passiv erleiden wir, aktiv gestalten wir: in der Familie und im Freundeskreis, in Vereinen, Nachbarschaftsinitiativen oder im Gemeinderat. Wo auch immer wir uns bewegen, können wir für einen notwendigen Wandel werben.

Auch in Unternehmen gilt es, Ideen einzubringen, Verbesserungsvorschläge zu machen, Initiativen zu starten. Natürlich: Strukturen und ein Umfeld zu schaffen, in dem alle eine Stimme haben und sich trauen, ihre Gedanken auszusprechen, das ist eine Führungsaufgabe. Aber jede und jeder Mitarbeitende kann den ohnehin stattfindenden Wandel aktiv und mit Zuversicht begleiten. »Veränderung aus der Unternehmensmitte – ohne Auftrag, ohne Genehmigung, ohne Budget: Kann Entscheidern, Unternehmenslenkern, etwas Besseres passieren, als dass sich die Organisation in unseren so wechselhaften Zeiten aus sich heraus, am besten kontinuierlich, selbst erneuert, während man sich selbst um die ganz große strategische Richtung der Unternehmensentwicklung konzentrieren kann?«, fragen Alexander und Sabine Kluge[34], die sich mit Graswurzelbewegungen in Unternehmen beschäftigen[35]. Was für Unternehmen gilt, gilt erst recht für die Gesellschaft. Statt darauf zu warten, dass allein Politik und Wirtschaft handeln, ist es doch viel besser, den Wandel selbst mitzugestalten.

Die Transformationsforscherin Maja Göpel schreibt sehr treffend: »Zeiten der Unsicherheiten sind eine Zumutung. Denn sie muten uns zu, den Status quo zu hinterfragen. Darin liegt auch eine große Chance. Denn Psychologen beschreiben es als Wachstum, wenn wir uns aus der Komfortzone bewegen. Möglichst ohne, dass wir die Panikzone erreichen. Dafür lohnt sich der bewusste Perspektivwechsel: aus dem Rückspiegel auf den Horizont. Nicht zu vergessen, der aufmerksame Blick zur Seite. Die wünschenswerte Zukunft ist ein Gemeinschaftswerk.«[36]

LASST UNS LERNEN

Eine gute Zukunft braucht lernende Menschen. Die Digitalisierung hat uns ein großes Geschenk gemacht: jederzeit verfügbares Wissen in einer Tiefe, die noch vor wenigen Jahren unvorstellbar war. Bildung ist der Schlüssel für nahezu alles: für eine gerechte Gesellschaft, für Demokratie, für einen Fortschritt, der unseren Planeten erhält, und für ein selbstbestimmtes Leben.

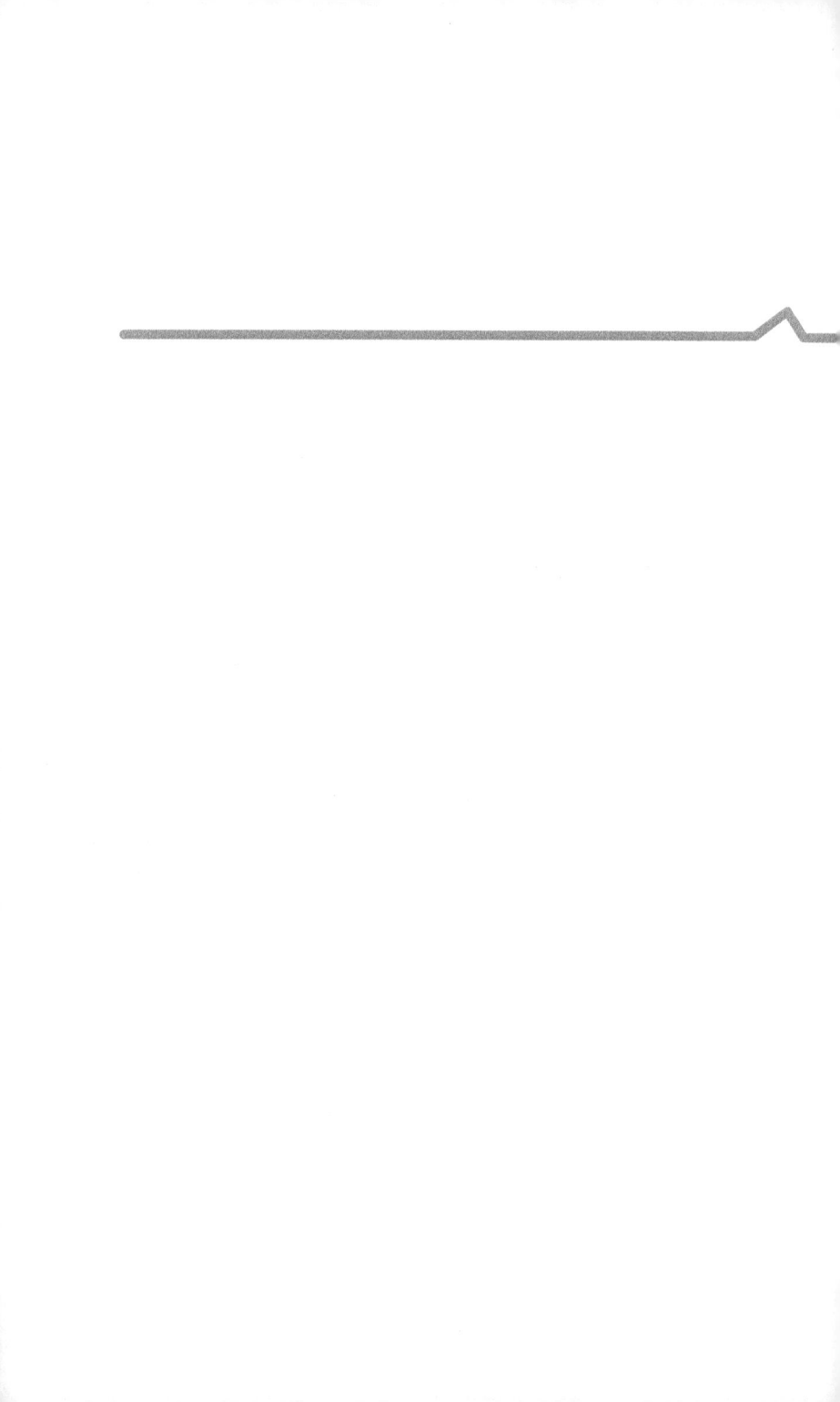

Mir hängt die Frage, warum ich nicht studiert habe, zum Hals heraus. In Business-Smalltalk-Runden wird unglaublich oft über die gute alte Studienzeit gesprochen. Spätestens nach den ersten Karrierestationen war ein Studienabschluss für meinen weiteren Berufsweg fachlich aber überhaupt nicht mehr wichtig. Trotzdem bekam ich diese Frage immer und immer wieder zu hören und mittlerweile brüskiert sie mich. Was bitte könnte ich denn heute mit Wissen anfangen, das ich vor 35 Jahren an einer Universität erworben habe? Und, um das gleich zu ergänzen: Nein, ich bereue es nicht, nicht studiert zu haben. Abgesehen davon, dass ich ganz gern das Studentenleben kennengelernt hätte.

Da ich zu den geburtenstarken Jahrgängen gehöre, herrschte in meiner Jugend am Arbeitsmarkt eine riesige Konkurrenz. Alle versuchten, sich möglichst das richtige Wissen draufzusatteln, um einen guten Job zu bekommen. Es war schwierig, überhaupt einen Ausbildungs- oder Studienplatz zu ergattern. Wer einen dieser Plätze bekam, das Ganze erfolgreich zu Ende brachte und dann auch noch einen guten Arbeitsplatz erwischte, der oder die hatte es geschafft.

Während meiner Ausbildung zur Industriekauffrau Mitte der 1980er Jahre war ich auch eine Zeit lang in der Personalabteilung. Dort durfte ich einen Blick in meine eigene Personalakte werfen. Ich bekomme heute noch Gänsehaut, wenn ich daran denke, denn dort stand, dass sich über 2000 Jugendliche auf die Lehrstelle beworben hatten. Vier waren genommen worden, und von den Vieren war ich die Einzige, die kein Mitarbeiter- oder Kundenkind war. Ich hatte die Stelle ohne »Vitamin B« meiner Eltern erhalten.

Viele aus meiner Generation verklären ihren Werdegang heute gern zu einer Superleistung. Die weit verbreitete Meinung lautet: Weil wir durch eine harte Schule gegangen sind und uns unseren Status mühsam erarbeiten mussten, soll das bei der heute jungen Generation genauso laufen. Dabei ist die Situation heute eine andere, und das ist sehr gut so: Arbeitgeber müssen sich anstrengen, Nachwuchs zu rekrutieren, und anschließend müssen sie sich noch viel mehr anstrengen, ihn auch zu halten. Niemand muss sich noch diese blöden Sprüche anhören, wie: *Sei dankbar, dass du hier arbeiten darfst.*

Im Nachhinein würde ich mir wünschen, dass mir damals jemand gesagt hätte: *Hey, nimm Dir ein Jahr Zeit, dich zu orientieren, danach kriegst du immer noch einen Ausbildungsplatz.* Das war mir leider nicht vergönnt. Ich appelliere an alle, die jung sind: Nehmt euch die Zeit. Ihr könnt später immer noch viel arbeiten. Ihr wisst nicht, wie gesund und wie fit und wie aktiv ihr im Alter seid, also guckt jetzt neugierig in die Welt! Wer es sich irgendwie leisten kann, sollte sich nach der Schule erst einmal umschauen, sich ausprobieren, sich inspirieren lassen, reisen, den Horizont erweitern und so viele andere Menschen und Perspektiven kennenlernen wie möglich. Egal ob work oder travel oder work & travel: Sich mental zu öffnen, ist hilfreich, um herauszufinden, was man im Leben gerne tun möchte.

Die junge Generation, die sich heute hinsichtlich ihrer beruflichen Zukunft entscheiden muss, wird höchstwahrscheinlich sehr viel länger arbeiten als wir Älteren; vielleicht nicht in Wochenarbeitsstunden gemessen, wohl aber mit Blick auf die Lebensarbeitszeit.

Wer heute als junger Mensch mit Schulabschluss in Deutschland ins Berufsleben startet, hat die Wahl zwischen 9.893 Bachelor- und 10.333 Master-Studiengängen[37] sowie rund 320 Ausbildungsberufen. Es bietet sich eine Fülle, die erschlägt. Entsprechend gibt es eine ebensolche Fülle an Informationen und speziellen Beratungen für die Berufswahl. Die sind zwar gut, aber auch manipulativ, weil bei ihnen immer der Mangel im Vordergrund steht. Meine Empfehlung: Folgt euren Neigungen, macht das, was ihr gerne machen möchtet, und lasst euch nicht zu sehr von außen beeinflussen.

> *Das Wichtigste ist wahrscheinlich, sich von den Vorstellungen der Eltern freizumachen und auf die eigene Intuition zu vertrauen. Die oft überbordende Fürsorge der Eltern und das Dasein als Helikopterkinder nimmt jungen Menschen sehr viel Freiraum.* <<

Das Wichtigste ist wahrscheinlich, sich von den Vorstellungen der Eltern freizumachen und auf die eigene Intuition zu vertrauen. Eltern neigen dazu, ihre persönliche Motivation auf die Kinder zu übertragen – immer wieder zu beobachten bei Unternehmensnachfolgen oder eben auch bei der Berufswahl. Die oft überbordende Fürsorge der Eltern und das Dasein als Helikopterkinder nimmt jungen Menschen sehr viel Freiraum. Vielleicht ist es zunächst schön und bequem, wenn man ständig alle Entscheidungen abgenommen bekommt. Auf Dauer bringt es aber alle Potenziale zum Verwelken. Es liegt in der eigenen Verantwortung, sich damit auseinanderzusetzen, was man mit dem eigenen Leben und den eigenen Fähigkeiten anfangen möchte.

Die Berufswahl kann auch eine strategische Entscheidung sein. Ziel unseres Pflegesohns Ahmad zum Beispiel war es, einen Beruf zu erlernen, der sicher, gefragt und gut bezahlt ist. Auch das ist legitim. Auf diese Weise schafft er sich zunächst eine gewisse Sicherheit und kann sich nach seiner Ausbildung immer noch beruflich weiterentwickeln, wenn er das möchte. Es gibt nicht den einen Weg, um die richtige Beschäftigung zu finden, es ist ein sehr individueller Prozess.

In Schule, Ausbildung oder Studium erworbene Qualifikationen zählen eigentlich nur am Anfang, also im Bewerbungsprozess. Sie sind nötig, um ins System hineinzukommen. Die Personalabteilungen machen es sich bei der Bewerberauswahl oft sehr einfach: Sie haben Standards definiert und haken Kriterien ab. Meist zeigt sich aber erst in der Praxis, ob man die Fähigkeiten für die Lösung einer konkreten Aufgabe mitbringt – oder in der Lage ist, sie schnell zu erwerben.

Man sollte beim Start ins Berufsleben gut bedenken, was einem wirklich wichtig ist. Niemand kann sich später hinter nicht genutzten Möglichkeiten verschanzen und behaupten, jemand anderes sei für den eigenen Werdegang verantwortlich. Die Verantwortung für das eigene Glück lässt sich nicht delegieren. Wer sie nicht wahrnimmt, kann sich letztlich nur vor den Spiegel stellen und selbst anschreien.

Mir war zum Beispiel immer schon wichtig, für mich selbst sorgen zu können, nicht abhängig zu sein und viel von der Welt zu sehen. Es gab viele Treiber für mich, die aber nicht in Stein gemeißelt waren. Hat sich etwas in meinem Berufsleben anders entwickelt als erwartet, habe ich einen anderen Weg genommen. Manchmal ergaben sich neue Gelegenheiten, mit denen ich überhaupt nicht gerechnet hatte. Wäre ich zum Beispiel nicht in die Logistik gegangen, hätte ich niemals diese Karriere gemacht. Hätte ich mich nicht für das Merger & Acquisitions-Team im Private-Equity-Bereich entschieden, wäre mein Berufsweg ebenfalls ganz anders verlaufen.

Im Nachhinein waren das richtige Entscheidungen, aber sie waren weder taktisch noch strategisch, sondern intrinsisch motiviert, weil mich eine Aufgabe interessiert hat und ich dazulernen wollte.

Es gibt keine Garantie für eine Karriere. Sie hat sich, zumindest bei mir, im Laufe der Zeit entwickelt. Sie lässt sich auch nicht akribisch planen. Ich kann vielleicht das kommende Jahr überblicken, eventuell auch die nächsten zwei Jahre. Alles, was darüber hinausgeht, ist unwägbar. Also gilt es, flexibel zu bleiben, neugierig zu sein, zu lernen und darauf zu schauen, was sich wie verändert.

Manche Wünsche erfüllen sich nicht. Ich wollte zum Beispiel immer gerne im Ausland leben. Das hat einfach nicht geklappt. Bis jetzt zumindest, wer weiß, vielleicht kommt das noch. Es hat jedenfalls keinen Sinn, wenn ich damit hadere und diesem unerfüllten Wunsch hinterhertrauere. Zum Berufsleben gehört es auch, realistisch zu bleiben. Das heißt nicht, alle Träume und Wünsche aufzugeben, aber ich muss sie gerade im beruflichen Kontext mit einer guten Portion Realismus, Taktik und Strategie kombinieren. Wenn ich ein mir sehr wichtiges Ziel erreichen will, muss ich mir eine grobe Strategie zurechtlegen, mich gut vorbereiten und darauf hinarbeiten. Dazu gehört manchmal auch, einem Plan B zu folgen.

Die Frage, ob man sich beruflich besser spezialisiert oder breit aufstellt, will gut überlegt sein. Beides hat seine Berechtigung. Insbesondere in der Wissenschaft und in Berufen, die ein profundes Detailwissen erfordern, ist eine Spezialisierung erforderlich. Es gibt Menschen, die in ihrer Spezialisierung so hervorragend sind, dass ihr Karriereweg vorgezeichnet ist. Das bedeutet allerdings im Umkehrschluss nicht, dass Spezialistinnen und Spezialisten immer auch für Führungsposten geeignet sind – wohin sie aber als Anerkennung ihrer Leistungen gern befördert werden.

Ab einem gewissen Managementlevel – dem mittleren, oberen und obersten Management – würde ich immer nur Generalistinnen einsetzen, weil die Vielfalt der Aufgaben, die zu entscheiden sind, einfach so groß ist. Auf diesen Ebenen kann es sich eigentlich niemand erlauben, nicht wenigstens den Hauch einer Ahnung zu haben, worum es bei den jeweiligen Themen geht, weshalb ein breites Wissen und Lernfähigkeit einem hohen Spezialwissen überlegen sind. Gerade in Deutschland gibt es im Topmanagement viele Personen, die geradezu reflexhaft kommunizieren: *Wenn du dich nicht im Detail auskennst, dann kannst du das nicht entscheiden.* Das ist Unsinn und dient nur der Abschottung und der Selbstüberhöhung. Statt ausgewiesener Spezialisten brauchen die Führungsetagen unternehmerisch denkende und unternehmerisch handelnde Menschen, die in der Lage sind, sich sehr schnell einzulesen, einzufinden und einzuarbeiten, in welche Situation auch immer.

Auch in Personalabteilungen wäre mehr Generalistentum wünschenswert. In vielen Unternehmen beschränken sich die Personalverantwortlichen auf Verwaltungsaufgaben, ähnlich wie in einer Öffentlichen Verwaltung. Dabei wäre es so viel zielführender, wenn sich die Personalabteilungen als Service-Units im Unternehmen positionieren. Personalarbeit müsste abseits von verwaltungstechnischen Prozessen wie etwa Gehalts- und Lohnabrechnung, Sozialversicherungsfragen und der Erfüllung von gesetzlichen Anforderungen komplett neu gedacht werden. Sie müsste in der Lage sein, die besten Ressourcen am Markt zu finden, alle Bewerberinnen und Bewerber professionell, adäquat und angemessen zu betreuen und Mitarbeitende und Führungskräfte individuell weiterzuentwickeln. Das Ressort müsste viel stärker mit der Unternehmensstrategie, mit der Geschäftsentwicklung und mit den Geschäftsmodellentwicklungen verknüpft sein. Dann wären auch endlich die oft sehr starren Weiterbildungsangebote Geschichte.

Dummerweise sparen Unternehmen immer als Erstes an Reisekosten und Weiterbildung, sobald der Kostendruck steigt. Das geschieht meist ohne weitere Erklärung und ist absolut unsinnig. Über Reisekosten kann man streiten. Aber an Weiterbildung zu sparen, ist sehr gefährlich. Gerade wenn sich viel verändert, müssen Unternehmen dafür sorgen, dass ihre Mitarbeitenden Schritt halten. Am Ende hat jedes Unternehmen Gewinnerzielungsabsichten. Man müsste einfach einmal einen Business-Case daraus machen und die Kosten von Weiterbildung in Korrelation zu dem Wert setzen, den sie schafft. Christian Friedrich, Experte für Digitales Lernen, bringt die Situation gut auf den Punkt, wenn er sagt: »Wenn die Welt sich dreht, ist Stehenbleiben keine Möglichkeit, weil Menschen und die Unternehmen, in denen sie arbeiten, sonst den Boden unter den Füßen verlieren.«[38]

>> *Am Ende hat jedes Unternehmen Gewinnerzielungsabsichten. Man müsste einfach einmal einen Business-Case daraus machen und die Kosten von Weiterbildung in Korrelation mit dem Wert setzen, den sie bringt.* <<

Kontinuierliches Lernen ist ein elementarer Erfolgsfaktor, egal, wie es dem Unternehmen gerade wirtschaftlich geht. Statt Weiterbildung mit der Gießkanne stattfinden zu lassen oder in einer Art Overselling jede und jedem alle möglichen Lerneinheiten anzubieten, ist eine zielgerichtete Weiterbildung zugeschnitten auf jede einzelne Person sehr viel effizienter. Eine planwirtschaftliche, bürokratische Organisation von Lernen, wie sie derzeit in vielen Unternehmen stattfindet, hat in einem dynamischen Umfeld einfach nichts zu suchen. Gerade in Branchen mit hohem Innovationsbedarf müssen Budgets für Weiterbildung zur Verfügung stehen.

Die Unternehmensberatung McKinsey untersuchte für ihre Studie »Performance through People« 1.800 börsennotierte Unternehmen weltweit mit Blick auf die Fragen, wie erfolgreich die Firma wirtschaftlich und wie zufrieden die Mitarbeitenden in den vergangenen zwölf Jahren waren. »Weniger als jede zehnte Firma schafft es, in beiden Bereichen top zu sein. Diese Firmen aber, die sowohl ihre Zahlen als auch das Wohl und vor allem die Weiterentwicklung der Belegschaft gut im Blick haben, haben eine anderthalbmal so große Wahrscheinlichkeit wie die anderen, auch erfolgreich zu bleiben«, erklärt McKinsey-Manager Julian Kirchherr im Interview mit dem manager magazin.[39] Die Studie belegt einen eindeutigen Zusammenhang zwischen Investitionen in die Weiterbildung der Mitarbeitenden und dem wirtschaftlichen Erfolg.

Mittlerweile absolvieren viele Menschen aus eigenem Antrieb Online-Kurse. Jeder hat eine andere Form zu lernen, der eine mag es, unter Menschen zu gehen, die andere lernt lieber für sich allein. Es gibt heute unendlich viele Möglichkeiten und Tools. Ich bin in den vergangenen Jahren immer mehr Personen begegnet, die aus einer intrinsischen Motivation lernen und privates Geld und Zeit investieren, um sich weiterzubilden. Mein Eindruck ist, dass viele Mitarbeitende in diesem Punkt schon deutlich weiter sind als diejenigen, die Unternehmen führen. Bei einer Veranstaltung an der Fachhochschule Dresden erzählte mir einer der Studierenden, für ihn sei das Wichtigste bei einem Arbeitgeber, dass er genügend Zeit bekomme, um sich weiterzubilden. Dieser junge Mann absolvierte seinen Master-Studiengang nicht nur, um sich für einen Beruf fit zu machen, sondern auch für sich selbst, um des Wissens willen. Auch in den Technologieunternehmen bin ich etlichen jüngeren Kolleginnen und Kollegen begegnet, die nicht wegen des nächsten Karriereschritts, sondern aus Neugier und Lernwillen promoviert haben. Sie wollten Sachverhalte verstehen und vertiefen, um ihre Erkenntnisse aus dem wissenschaftlichen Arbeiten anschließend in ihrer praktischen Arbeit umzusetzen.

Das ist wundervoll. Solchen Menschen geht es darum, Probleme zu lösen, damit die Welt ein bisschen besser wird, etwa indem sie Alternativen zur Verbrennungstechnologie suchen oder effiziente Wärmepumpen entwickeln oder die Wasserstoffnutzung für verschiedene Anwendungen erforschen. Sie sind intrinsisch motiviert, immer mehr zu lernen und zu wissen, weil sie etwas zum Guten verändern wollen.

≫ *Heute ist Wissen demokratisch.* ≪

Führungskräften auf der Managementebene fehlt häufig schlicht die Zeit, sich weiterzubilden. Außerdem fühlen sich viele von ihnen gut für alle Aufgaben gerüstet, weil sie studiert haben. Sie sind überzeugt, dass ihr Wissen ihre Karriere lang hält. Ein echtes Interesse, etwas dazuzulernen, ist mir in den Führungsetagen der Unternehmen nicht oft begegnet. Im Gegenteil: In eher konservativeren Kreisen wird es als Schwäche angesehen, wenn man einräumt, etwas nicht zu wissen. Stattdessen wurden hinter verschlossenen Türen Sessions organisiert, in denen ein, zwei Experten einem erlauchten Führungskreis eine Informationsdruckbetankung verpassten. Diese Haltung ändert sich gerade. Ich habe im Oktober 2023 an einem Weiterbildungsinstitut der Universität Köln eine Weiterbildung zum Agile Basic Master absolviert, an der erstaunlich viele Menschen meiner Altersgruppe teilgenommen haben.

Das Konzept des Herrschaftswissens hat mit der Digitalisierung dankenswerterweise ausgedient. Früher bekam man als Führungskraft regelmäßig einen Ordner mit Clippings auf den Tisch. Darin waren alle relevanten Informationen über das eigene Unternehmen, die Branche und wichtige Fachartikel gebündelt. Dieser Ordner wanderte von Schreibtisch zu Schreibtisch, sodass alle im Führungskreis immer auf dem gleichen Stand waren. Später kamen diese Nachrichten per Mail. Man konnte sich darauf verlassen, dass die Informationen relevant, sorgfältig ausgewählt und valide waren. Es war sehr gut aufbereitetes Wissen, das aber nur einem definierten kleinen Personenkreis zur Verfügung stand. Heute ist Wissen demokratisch. Alle können sich jederzeit über das Internet zu jedem denkbaren Thema informieren. Wenn ich mich für etwas besonders interessiere, kann ich mich bis ins Detail bei etlichen Quellen schlaumachen. Es gibt kein Gebiet mehr, zu dem sich nichts findet. Ich kann mich interessengeleitet selbst bilden und habe so viele Möglichkeiten des Selbstmanagements beim Lernen wie niemals zuvor in der Menschheitsgeschichte. Ich kann lernen, wann immer ich es will, wo immer ich es will – ich brauche nur einen digitalen Zugang. Im Zweifel kann ich mich auch noch einer ganzen Reihe von Assistenzfunktionen bedienen, zum Beispiel Übersetzungs-Apps, um Sachverhalte zu verstehen. Die Schwelle zum Wissen ist so niedrig und das Angebot so groß, dass niemand mehr sagen kann, Wissen läge in der Macht Einzelner. Heute können sich nahezu alle, die das wollen, Wissen aneignen. Was für ein Geschenk!

>> *Es gibt in der Europäischen Union etliche gute Beispiele für innovative, zeitgemäße und erfolgreiche Bildungssysteme. Die Politik müsste sich nur bedienen und die internen Beharrungskräfte überwinden.* <<

Leider wird dieses Geschenk an einem Ort, wo es sehr viel Positives bewirken könnte, viel zu wenig genutzt. Es sind die Orte, die für unsere Zukunft enorm wichtig sind und die bedauerlicherweise stark vernachlässigt werden: die Schulen. Eine Freundin von mir ist Grundschuldirektorin in einem ländlichen Gebiet in Rheinland-Pfalz. Sie erzählt, dass sie den Unterricht nur noch mit Studierenden aufrechthalten kann, weil es zu wenig Lehrkräfte gibt – und weil diejenigen, die es gibt, nur noch in Teilzeit arbeiten wollen. Der Beruf muss dringend moderner und attraktiver werden. Ich bin überzeugt, dass der Föderalismus für unser Bildungssystem nicht geeignet ist. Es kann nicht Ländersache sein, was Schülerinnen und Schüler lernen. Stattdessen braucht es einheitliche Standards und einen Grundstock an Bildung, der allen gleich vermittelt wird – schon um einen gesellschaftlichen Konsens herzustellen. »Bildung ist ein sozialer Prozess, der nicht nur darauf abzielt, Wissen zu vermitteln und sich die grundlegenden Werkzeuge anzueignen oder einen Beruf auszuüben. Der andere Hauptzweck der Bildung besteht darin, die Teilnehmer mit den notwendigen Fähigkeiten, Tugenden, Gewohnheiten und Weltanschauungen auszustatten, um gute Weltbürger zu werden«, sagt Santiago Iñiguez, Präsident der IE University in Madrid.[40]

Ich bin vor über 40 Jahren zur Schule gegangen. Wenn ich heute mit Lehrerinnen spreche, habe ich nicht den Eindruck, dass sich die Methoden oder Inhalte gravierend verändert hätten. Das kann doch nicht sein. Auch die Ausbildung der Lehrkräfte ist aus meiner Sicht nicht zeitgemäß. Es müssen neue Lehrpläne, neue Lehrzielkataloge und komplett neue Frameworks her. Es gibt in der Europäischen Union etliche gute Beispiele für innovative, zeitgemäße und erfolgreiche Bildungssysteme. Die Politik müsste sich nur bedienen und die internen Beharrungskräfte überwinden. Das gilt übrigens nicht nur für das Bildungssystem, sondern auch für Themen wie Energieversorgung, Klimaschutz, Ernährung und viele, viele andere mehr: Das Wissen ist da, die Transparenz ist da.

Aber das Beharrungsvermögen der prozessdesignenden und mit Richtlinienkompetenz ausgestatteten Menschen ist dennoch so viel stärker als der Mut zur Veränderung. Das ist auf Dauer nicht tragfähig.

Meine große Sorge ist, dass die Menschen wegen dieses Versagens der staatlichen Institutionen ihr Vertrauen in den Staat verlieren, auch angesichts der Komplexität der derzeitigen Aufgaben. Sie empfinden den Staat oft nicht mehr als hilfreich, sondern eher als hinderlich. Damit macht sich dieser Staat angreifbar und verliert an Autorität. Nicht von ungefähr gibt es immer mehr wohlhabende Eltern, die ihre Kinder zu Privatschulen schicken. Das kann nicht die Lösung sein. Es braucht ein vernünftiges Projektmanagement, vielleicht auch ein Krisenmanagement, und es braucht externe Expertise, um die Jahrzehnte alten Strukturen in unserem Bildungssystem zum Guten zu verändern.

Dankenswerterweise hat das Lernen mit der Digitalisierung keinen festen Ort mehr, es hat die Schule, die Universität und Seminarräume längst verlassen: Heute lernen wir überall und ein Leben lang. Mit der Künstlichen Intelligenz, wie zum Beispiel Chat GPT 4.0, müssen wir nicht mal mehr recherchieren – das erledigt die Maschine für uns. Damit wird Lernen bequem. Wer nicht gerne liest, kann zuhören oder zuschauen oder auch spielerisch lernen. Unser Pflegesohn Ahmad zum Beispiel behilft sich, wie viele seiner Generation, mit YouTube-Videos. Ältere kritisieren diese Art des Lernens und behaupten, dass man sich das auf diese Weise angeeignete Wissen nicht merken kann. Na und? Muss man auch nicht! Die Informationen sind dauerhaft zugänglich. Ein YouTube-Video verschwindet nicht wieder, und, noch besser: Vielleicht gibt es morgen schon eines zum selben Thema, das noch aktueller und informativer ist. Das Internet stellt uns ein permanent sich aktualisierendes Wissensuniversum zur Verfügung, das mit der Künstlichen Intelligenz noch einmal eine neue Dimension hinzugewonnen hat und uns neue Möglichkeiten bietet.

In der Kultur- und Musikszene wird deshalb derzeit sehr aufgeregt darüber diskutiert, dass Nutzerinnen und Nutzer mithilfe der KI ganz einfach eigene Lieder komponieren, eigene Texte schreiben oder eigene Bilder kreieren können. Die Branchen haben Angst um ihre Einnahmequellen. Es ging in der Geschichte schon sehr vielen vor ihnen so, dass sich ihre Arbeit in Teilen veränderte oder gleich ganz überflüssig wurde. KI wird nicht mehr verschwinden, die Kulturschaffenden werden sich also überlegen müssen, wie sie mit ihr umgehen und sie am besten für sich nutzbar machen. Gerade Menschen, die kreativ sind, muss doch etwas dazu einfallen, wie sie in Kombination mit der Technik etwas ganz Besonderes schaffen. Auch heute gibt es ein Siegel »Handmade«. Vielleicht diesmal in der Umkehr: »Made bei Chat GPT«. Am Ende entscheiden die Konsumenten.

> » *Zweifellos verändert die KI unsere Arbeitswelt. Diese Veränderung sollten wir uns zunutze machen.* «

Maschinen oder KI-Systeme sind keine selbstständigen Wesen, sondern nur das, womit wir Menschen sie ausstatten. Das bedeutet insbesondere mit Blick auf die Künstliche Intelligenz, dass das Programmieren der Software in den Händen von Menschen liegen muss, die sich ihrer Verantwortung bewusst sind. Auch hier ist Vielfalt in den Teams gefragt, denn sonst formen sich einzelne Programmiererinnen und Programmierer ein neues Wesen, das sie Roboter oder KI nennen und das nach ihrem Bild erschaffen ist. Wir brauchen bei der Entwicklung von Technologie eine hohe Beteiligung von möglichst vielen verantwortungsbewussten Menschen mit vielen verschiedenen Fähigkeiten und Perspektiven.

Zweifellos verändert die KI unsere Arbeitswelt, und genau diese Veränderung sollten wir uns zunutze machen. Zum Beispiel, indem wir sich stark wiederholende, erschöpfende und kraftraubende Prozesse an KI-Systeme auslagern. Das ist nichts anderes als die Weiterführung der Automatisierung. Damit eröffnet sich die Möglichkeit, der menschlichen Intelligenz einen neuen Raum zu geben und sie für Aufgaben einzusetzen, die einen anderen Anspruch haben. »Die wichtigste Ressource im rohstoffarmen Deutschland sind letztlich die Köpfe: Ihre Ideen und ihre Fähigkeit, Neues zu schaffen, sich zu verändern, sich in einer Welt anzupassen, die mehr als kompliziert ist. ... Wir leben jetzt und längst und gut von unserem Wissen. Es wäre noch besser, wenn wir uns das bewusst machen«, heißt es im Podcast »Trafostation« von Wolf Lotter und Christoph Pause.[41]

Mit Blick auf die KI gibt es zwei Möglichkeiten: Wir resignieren, übergeben den Maschinen die Macht und lassen alle schlechten Hollywoodfilme gleichzeitig wahr werden. Oder wir lernen, mit Maschinen zusammenzuarbeiten – so wie es schon in der Industrialisierung gelungen ist – und finden einen neuen, guten Weg. Wie sonst soll Neues entstehen, wenn nicht mit den Technologien der Zeit? Wir müssen lernen und akzeptieren, dass immer alles im Fluss ist. Das wussten schon die alten Griechen.

MEIN IMPULS
WIR KÖNNEN ZUKUNFT – MIT BILDUNG

Wir brauchen gute Bildung, um unsere Zukunft gut zu gestalten. »Lernen bleibt für uns Menschen die wichtigste Aufgabe in einer Welt, die sich immer schneller wandelt und uns vor immer wieder neue Herausforderungen stellt. Lernen wird für alle zugänglich sein und sichert damit Innovationsfähigkeit, Fortschritt, Wohlstand und Überleben«, heißt es im »Manifest Corporate Learning 2044«[42].

Zukunftsfähigkeit bedeutet, offen, neugierig und lernwillig zu sein. Es ist längst nicht nur »das System«, das sich weiterentwickeln muss, wir brauchen eine neue Lernkultur. Jede und jeder von uns ist gut beraten, sich lebenslang zu bilden, aus eigenem Antrieb und im eigenen Interesse. Allein um unser Leben gut zu gestalten und vernünftig handeln zu können, brauchen wir vielfältige Fähigkeiten und Kompetenzen. Gleiches gilt für uns als Gesellschaft. »Nur wenn Menschen über eine entsprechende Bildung verfügen, können sie eine friedliche, sozial gerechte und ökologisch verantwortungsvolle Welt schaffen«, sagt die Präsidentin der Deutschen UNESCO-Kommission Maria Böhmer.[43]

Sich zu bilden, ist nicht nur Mittel zum Zweck, unsere Gesellschaft zu erhalten: Wissen macht Spaß, ist bereichernd und hat einen eigenen Wert. Die Wertschätzung von Wissen schon in der Schule zu vermitteln, dort Neugier zu wecken und zu fördern, dort Inhalte zu lehren, die tatsächlich fürs Leben bilden, liegt im Interesse aller.

Auch wir Älteren können uns nicht auf dem einmal – und mitunter vor Jahrzehnten – erworbenen Wissen ausruhen. Die Welt dreht sich schnell. Und, ja, mitunter wird das Erfahrungswissen der Älteren zu geringgeschätzt. Und noch einmal ja, mitunter tun Ältere gern so, als hätten sie die Weisheit mit Löffeln gefressen. Wie schwierig das Lernen der Generationen voneinander insbesondere in hierarchischen Strukturen manchmal ist, beschreiben Hans A. Wüthrich, Wolfgang Winter und Andreas F.

Philipp sehr herrlich am Beispiel der Makaken: In einem Experiment zeigte sich, dass junge Affen begriffen hatten, dass eine Kartoffel, die in eine Pfütze gefallen und sauber war, besser schmeckt als schmutzige Kartoffeln. Die Alphatiere in der Affengruppe – die Silberrücken – waren zu arrogant, von den Jungen zu lernen, und fraßen stupide weiterhin schmutzige Kartoffeln.[44]

Lasst es uns nicht wie die alten Affen machen, sondern uns umschauen, ausprobieren, voneinander abgucken, neue Kompetenzen entwickeln, lernen und uns gemeinsam emporirren. Das Ziel lohnt sich: »Bildung«, sagte der südafrikanische Anti-Apartheid-Kämpfer und spätere Präsident Nelson Mandela, »ist die mächtigste Waffe, um die Welt zu verändern«.

MEHR INNOVATION BITTE!

Eine gute Zukunft braucht zuversichtliches Handeln. Wenn wir unsere Welt erhalten und besser machen wollen, müssen wir neu denken, uns neu zusammentun, neu handeln. Dabei werden wir Risiken eingehen, Fehler machen, Ideen verwerfen. Und immer einen Schritt weiter kommen.

In meinen ersten 15 Berufsjahren bei Siemens sind zwar in der Wirtschaftslandschaft immer wieder mal ein paar Hügel aufgetaucht, richtige Berge musste ich aber nie erklimmen. Alle dachten: Es geht einfach immer so weiter. Dann kam das Internet. Etwa ab Mitte der 90er Jahre startete die Kommerzialisierung des World Wide Web. Schon damals hätte man erkennen können – und manche haben es auch erkannt –, was das für die Telekommunikation bedeutet. Die allgemeine Branchenauffassung war aber zunächst, Sprache sei viel zu komplex, um sie über das Internet zu übertragen. Die viel zu geringe Bandbreite hätte das damals auch rein technisch gar nicht zugelassen. Also haben alle erst einmal so getan, als wäre nichts weiter passiert. Im Rückblick war das ein großes Versagen der Entscheider. Sie hätten die Technologie und die damit einhergehenden gravierenden Veränderungen anders bewerten müssen.

Das US-Unternehmen Cisco sorgte Ende der 90er Jahre für den Durchbruch der Voice-over-IP-Technologie – Sprache ließ sich eben doch übers Web übertragen. Auf der Cebit, damals eine der Weltleitmessen für Informationstechnik, machte sich Unbehagen breit. Die einen waren überzeugt, dass sich Voice over IP nicht durchsetzen würde. Die anderen meinten, daraus könnte vielleicht und irgendwie und wer weiß eventuell doch noch etwas Größeres werden. Es kamen die ersten Gerüchte auf, dass Siemens Cisco in den frühen 90er Jahren hätte übernehmen können. Tja, und dann ging es los: Anfang der 2000er Jahre entwickelte sich die Technologie rasant weiter und damit nahmen auch all die Anpassungs- und Abbauprogramme ihren Lauf.

Siemens veräußerte etliche Unternehmensbereiche, darunter die Handysparte, andere wurden geschlossen. Sparten, die im Konzern jahrzehntelang den Hauptprofit beigesteuert hatten, gab es plötzlich nicht mehr. Damit verschwand nicht nur die Technologie, die wir bei Siemens über die Jahre liebgewonnen hatten, es verschwanden auch sehr viele sehr gute Leute. Ursache für diese Entwicklung war die Fehleinschätzung einer Innovation. Am Ende hatten ganz wenige Menschen über das Schicksal von unendlich vielen entschieden.

» *Wer heute allein oder in einem sehr kleinen Kreis vorgibt, was für die Zukunft eines Unternehmens oder einer Gesellschaft richtig ist, betreibt ein Glücksspiel und hat, um im Bild zu bleiben, sehr schlechte Karten.* «

Technologiewandel oder auch gesellschaftlicher Wandel kündigen sich sehr lange an, sie passieren nicht von heute auf morgen. Wenn ich ein Technologieunternehmen besäße, würde ich mir Leute leisten, die den Markt permanent beobachten und einschätzen. Ich würde massiv das Wissen von Experten und Expertinnen nutzen, um nicht in die große Falle zu tappen: nämlich zu glauben, dass ich weiß, wie der Hase läuft, weil ich schon so viel Erfahrung habe, weil ich schon so viele richtige Entscheidungen getroffen habe, weil ich mein Business so gut kenne. Wer heute allein oder in einem sehr kleinen Kreis vorgibt, was für die Zukunft eines Unternehmens oder einer Gesellschaft richtig ist, betreibt ein Glücksspiel und hat, um im Bild zu bleiben, sehr schlechte Karten.

Wer nicht entscheidet und den Dingen seinen Lauf lässt, hat ebenfalls schlechte Karten. Gerade in Deutschland neigen wir dazu, kein Risiko einzugehen. Das Risikomanagement in Konzernen ist mittlerweile dermaßen aufgebläht, dass diese am liebsten jedes Wagnis vermeiden. Auch im japanischen Konzern hatten wir sehr lange Listen mit allen möglichen Risiken. Ich fand es nie schlecht, mich mit meinem Team damit auseinanderzusetzen. Aber letztlich schützt keine Excel-Datei und keine Liste vor Risiken: Ich muss Risiken aktiv managen, wenn sie eintreten, und ihre Konsequenzen möglichst schon im Vorfeld abgeschätzt haben. Je mehr Expertise und Vielfalt, interne und externe Fachleute, Perspektiven und Wissen in meine Entscheidungen einfließen, umso höher sind meine Erfolgsaussichten. Um Risiken und Wandel einschätzen zu können, muss ich mich austauschen, Messen und Kongresse besuchen, kontinuierlich lernen und versuchen, auf der Höhe der Zeit zu bleiben.

Schon vor 150 Jahren hatten große Gründer und Visionäre mit Beharrungskräften zu tun. Als die Industrialisierung begann und in England die ersten Fabriken für die Textilwirtschaft gebaut wurden, werden das wahrscheinlich viele Menschen erst einmal für verrückt gehalten haben. Der große Unterschied zu heute: Damals war der Handlungsspielraum überschaubarer. Unternehmen starteten mit einer Werkstatt oder einer Fabrik an einem Ort. Alles drehte sich allein um Produktion. Werner von Siemens begann seine Unternehmensgeschichte mit einer wegweisenden Verbesserung des Zeigertelegrafen. Robert Bosch fokussierte sich erfolgreich auf Feinmechanik und Elektrotechnik. Alfred Krupp und August Thyssen reüssierten mit Stahl. All diese Entwicklungen entstanden aus der neuen Möglichkeit, sich Energie zunutze zu machen. Das war damals mindestens genauso komplex und neu wie das, was wir heute mit Digitalisierung und Künstlicher Intelligenz erleben, spielte sich aber sowohl räumlich als auch in Bezug auf die Zielgruppe in einem begrenzteren Rahmen ab.

Heute sind wir mit einem Überangebot an Kommunikation und Information konfrontiert, aus dem wir uns das relevante Wissen für unsere Risikoeinschätzung herauspicken müssen. Ich zum Beispiel bin zwar Expertin in einigen Bereichen, aber ich kann nicht einmal mehr sicher abschätzen, welches der nächste innovative Sprung in einer Branche sein könnte. Früher entwickelten sich Unternehmen meist innerhalb einer in sich geschlossenen Branche konsequent weiter. Ford erfand das Fließband und die serielle Produktion von Autos. Seine Konkurrenten waren andere Autohersteller. Heute versuchen sich Tech-Konzerne am Auto-Bau.[45] Das heißt: Es ist nicht einmal mehr eindeutig, wer eigentlich die Wettbewerber sind. Ist es der konkurrierende IT-Anbieter? Oder vielleicht ein Modekonzern, der eine gute Idee hatte, die auch meinen Markt durcheinanderwirbelt? Die Grenzen sind fließend und das macht es noch notwendiger, sich zum Beispiel in Foren zu informieren und Scouts zu haben, die sich umhören und versuchen zu antizipieren, aus welchen Entwicklungen was entstehen kann und welche Chancen oder Konsequenzen sich daraus ergeben.

> *Voraussetzung für eine funktionierende Innovationskultur ist die Akzeptanz, dass nicht alle Ideen erfolgreich sein werden.* «

Innovation muss heute permanent mitlaufen. Sie ist eine Daueraufgabe. Die SAP-Managerin Deepa Gautam-Nigge schreibt in ihrem Buch #Ecosystem Innovation: »Wer nicht mit der Zeit geht,

geht mit der Zeit! So abgedroschen dieser Kalenderspruch klingt, so sehr sollten Unternehmen ihn beherzigen. Noch während sich der Umsatzmotor des etablierten Business kräftig weiter dreht, müssen die Fühler in die neue digitale Welt ausgestreckt, innovative Geschäftsmodelle aufgespürt und am Markt erprobt werden – und das alles im Dialog, durch Kooperation, im Austausch.«[46]

Unternehmen sollten in ihren strategischen Zielen und in Zielvereinbarungen mit Führungskräften eine definierte Zahl an tragfähigen neuen Ideen pro Jahr festschreiben. Voraussetzung für eine funktionierende Innovationskultur ist aber die Akzeptanz, dass nicht alle Ideen erfolgreich sein werden. Trotz der viel zitierten Fehlerkultur ist Scheitern in den meisten Unternehmen immer noch ein Makel. Dabei machen es nicht nur die USA oder auch China vor, dass wir nur durch Ausprobieren und Fehler lernen, auch ein Blick in die Geschichte zeigt, dass Fehlertoleranz zu herausragenden Erfindungen geführt hat: »Ich habe nicht versagt. Ich habe nur zehntausend Wege gefunden, die zu keinem Ergebnis führen«, soll Thomas Alva Edison gesagt haben. Wir werden also auch dann besser, wenn sich unsere Annahmen nicht bestätigen. Natürlich geht es nicht darum, Fehler zu machen, um Fehler zu machen. Es geht darum, auf dem Weg zu einem definierten Ziel zu experimentieren, Annahmen zu treffen und sie anschließend zu verifizieren oder zu falsifizieren. Oft sind große innovative Leistungen sogar schlicht ein Zufallsprodukt. Biontech zum Beispiel forscht seit Jahrzehnten an Krebsmedikamenten – dass sich diese Forschung auch als Grundlage für eine bahnbrechende Impfstoffentwicklung eignen würde, konnte niemand ahnen.

Um Chancen zu erkennen, braucht es Flexibilität und Offenheit. Wir haben hingegen mittlerweile ein starres Wirtschaftssystem, viele Unternehmen haben sich in eine Sackgasse manövriert, in der alles abgesichert ist, in der alle Risiken berechnet sind und in der eine große Angst vor Veränderungen herrscht. Das ist in gesättigten Systemen normal. Es setzt eine Bequemlichkeit ein, und der Erfolg der Vergangenheit ist nicht mehr Ansporn für die Zukunft, sondern macht faul. Das ist menschlich, aber falsch. »Unsere Büroetagen sind zu Schlafwagen der Innovation geworden«, so Raphael Gielgen, Trendscout bei Vitra, im New Management Talk.[47]

Amy Webb, die Gründerin der US-Unternehmensberatung Future Today Institute, sieht für Deutschland laut Handelsblatt ziemlich schwarz und stimmt damit in ein allgemeines Wehklagen ein: Das Land müsse sich auf den »Weg der Innovation« begeben, sonst drohe »ein gradueller wirtschaftlicher und gesellschaftlicher Niedergang«.[48] In ihrer Studie[49] über die hiesigen Zukunftsaussichten fordert sie, Deutschland müsse »raus aus traditionellen Komfortzonen und hin zu einem zukunftsorientierten und risikobejahenden Denken«. Grundlegende Voraussetzung für eine Erneuerung des Landes sei ein »bedeutsamer Wandel im Denken und in Strategie« von Politikern, Unternehmern und Bürgern. Ob Amy Webb mit dieser Mahnung recht hat? Zumindest passt ihre pessimistische Prognose zum großen Jammern, das weite Teile der Berichterstattung über die Lage des Landes prägt. Ich warne vor einer Self-fulfilling Prophecy und bin davon überzeugt, dass wir sehr viele kluge Köpfe in diesem Land haben, die tüfteln, entwickeln, weiterdenken und mit großer Leidenschaft an guten Lösungen für unsere wirtschaftliche und gesellschaftliche Zukunft arbeiten.

Tritt erst eine Krise ein, ist es für Innovationen meist zu spät, außerdem fehlt in solchen Situationen das Geld. Wer permanent Innovationen entwickelt und beschleunigt, kann auch mal Fehler machen und vieles ausprobieren – das Unternehmen hängt dann nicht von dem einen schnellen großen Wurf ab. Schnelligkeit ist ein wichtiger Faktor: Die Geschwindigkeit in Produktentstehungsprozessen hat sich massiv beschleunigt. Das widerspricht der legendären deutschen Gründlichkeit und dem hohen Anspruch der Ingenieurinnen und Ingenieure, die am liebsten eine perfekte Lösung abliefern. Erfolgreiche Innovationen entstehen heute nicht mehr in langen Projektphasen, an deren Ende ein fertiges Ergebnis stcht. Sie entstehen in vielen kleinen Schritten, in denen die Fortschritte beim Forschen, Entwickeln und Testen von Prototypen in kurzen Abständen geprüft werden. So behalten die Verantwortlichen im Blick, ob eine Entwicklung in die richtige Richtung geht und ob sie weiterverfolgt oder verworfen werden sollte. In sehr kurzen Zyklen von vier oder maximal sechs Wochen lässt sich sehr schnell feststellen, wie tragfähig eine Idee ist. Aufwand und Kapital werden minimal gestresst. Wenn etwas nicht klappt, ist das kein Drama, sondern man kann sagen: *Prima, danke, dass ihr das geprüft und herausgefunden habt, dann gehen wir jetzt zum nächsten Thema über.* »Das Risiko, eine gute Idee zu verpassen, sollte immer mehr Gewicht haben als die Bedenken, unnötig Zeit für eine gewissenhafte Evaluation des ersten Prototypen zu ›verschwenden‹«[50], schreibt die Digitalunternehmerin und Aufsichtsrätin Catharina van Delden.

» *Ich kann rückblickend sagen, dass es an Kompetenz im Unternehmen niemals gemangelt hat. Die Probleme waren ganz andere: Entweder gab es zu wenig Austausch, um Innovationskraft zu entfalten, oder das Management hat unklar kommuniziert, was tatsächlich gebraucht wird.* «

Unternehmen, die nicht über ein gut etabliertes Ecosystem von Scouts, Forscherinnen und Entwicklern verfügen, neigen dazu, stattdessen mit Start-ups zusammenzuarbeiten und diese intern wie extern als Leuchtturm der Innovation zu positionieren. Dabei unterschätzen sowohl Konzerne als auch Mittelstandsunternehmen völlig, dass sie es bei Start-ups mit einer unterschiedlichen Herangehensweise an Ideen und Geschäftsmodelle zu tun bekommen. Aus diesem Grund scheitern viele solcher Kooperationen an vermeintlich »weichen« Faktoren wie Kultur und Kommunikation. Andere Unternehmen gründen Innovations-Hubs, etablieren eigene Venture-Capital-Gesellschaften oder kaufen wild im Markt zu, um als innovativ wahrgenommen zu werden. Das kann man alles machen, muss aber auch hier berücksichtigen, dass sich die Komplexität erhöht und die Integration dieser Aktivitäten ins eigene Unternehmen sehr schwierig ist.

Letzten Endes – und das finde ich bedenklich – spricht ein Innovationszukauf von außen den eigenen Mitarbeitenden die Innovationskompetenz ab. Ich kann rückblickend sagen, dass es an dieser Kompetenz im Unternehmen niemals gemangelt hat. Die Probleme waren ganz andere: Entweder gab es zu wenig Austausch, um Innovationskraft zu entfalten, oder das Management hat unklar kommuniziert, was tatsächlich gebraucht wird. Die Harvard-Professorin Linda Hill appelliert an Unternehmen, allen Mitarbeitenden die Freiheit zum Denken und die richtigen Werkzeuge für Ideenaustausch und »Crowdwork« in die Hand zu geben. Würden Führungskräfte zwischen inkrementeller und bahnbrechender Innovation unterscheiden, komme es zu einer Spaltung: Einige wenige Personen seien die Innovatoren und alle anderen die Ausführenden. So kann die Organisation als Ganzes nicht innovativ sein. Das bedeutet nicht, dass nun jede und jeder unkontrolliert vor sich hin innovieren sollte. Neben einer gut gefüllten Ideen-Pipeline und geeigneten Methoden für das Innovationsmanagement nennt Linda Hill die »kreative Entschlossenheit« als wichtige Fähigkeit, um erfolgreich innovativ zu sein. Dabei geht es darum, wie im Innovationsprozess Entscheidungen getroffen werden. Die meisten Innovationen entstünden aus Kombinationen von Ideen. Es gebe nicht das eine Genie. »Many companies have great people that do not know how to work together, that is the problem. Many fear to have too many cooks in the kitchen. But it is not about having too many cooks but how to bring them to the point to take the right decision to create something new. The rules have to be very clear: Who takes the last decision? That's the part of the leader. Before the decision is taken there has to be an open, transparent way of gathering ideas, to discuss them etc. But finally the leaders decide what to do.«[51] Innovationsfähigkeit hat also sehr viel mit Führung zu tun – genau genommen macht Führung den entscheidenden Unterschied! Ich habe in Innnovationsprozessen oft erlebt, dass sich der Stärkere durchsetzt. Der ist aber nicht unbedingt der Klügere. Häufig hängt es von einzelnen Menschen und deren Sichtweisen ab, ob eine Innovation angepackt wird oder nicht.

Bis heute ist man als Managerin in einem traditionellen Konzern keine Unternehmerin, sondern angestellte Bereichsleiterin oder Abteilungsleiterin oder Vorständin. Man bewegt sich gefühlt zwischen öffentlichem Dienst und Unternehmertum und kann zwar manchmal etwas kreativer sein, ist aber zugleich immer abgesichert. Sabina Jeschke hat das in einem Interview schön auf den Punkt gebracht. Die Professorin, KI-Expertin, Managerin und Gründerin war 2017 Prodekanin der Fakultät für Maschinenwesen an der RWTH Aachen, als sie in den Vorstand der Deutschen Bahn wechselte. Danach gefragt, was sie bei dem Wechsel von der Wissenschaft in die Wirtschaft überrascht hat, sagt sie: »Der Grad der Fremdbestimmung in so einem Vorstand. Sie sind plötzlich in einem Korsett von Terminen. Die begrenzte Flexibilität im Vergleich zur Freiheit in dem Wissenschaftsumfeld, wo man schneller auf neue Ideen und Richtungen reagieren kann.« Das Mindset in der Wissenschaft sei viel freier als in der Wirtschaft. »Wie erreiche ich das Ziel? Wenn der Forschungsplan, den ich mir zurechtgelegt habe, nicht stimmt oder Alternativen auftauchen, dann ändere ich ihn, und das sehr ›selbstbestimmt‹. Das Einzige, was nicht legitim wäre als Wissenschaftlerin, wäre, einfach weiterzumachen. In der Wirtschaft ist es oft genau andersherum. Wenn ein Konzern sich einmal auf eine bestimmte Produktionsweise festgelegt hat, ist eine Veränderung nur sehr langsam und langfristig möglich.«[52]

Diese mangelnde Flexibilität ist ein ganz großes Thema in Konzernen. Selbst wenn absehbar ist, dass sich Innovationen nicht erfolgreich umsetzen lassen, weil sie vielleicht zu spät kommen, an den Kundenbedürfnissen vorbei entwickelt sind oder zu teuer werden, neigen viele Entwickler dazu, nicht den wahren Stand der Dinge darzulegen, während die Entscheider die Realität nicht wahrhaben wollen und die Projekte bis zum bitteren Ende weiterlaufen lassen. Dabei verlieren sie Zeit und Geld. Schon aus diesem Grund muss es im Unternehmen Verantwortliche für diese Projekte geben, die den Prozess kritisch und konstruktiv begleiten – und im Zweifelsfall stoppen, wenn sich eine Idee als nicht zukunftsfähig erweist.

Laut den Beratern Lysander Weiß und Lucas Sauberschwarz zeigen Untersuchungen von Organisationen mit hoher Innovationskraft insbesondere zwei Aspekte erfolgreicher Innovationen: Sie sprechen von Autonomy und Alignment – Freiraum und Vorgaben: »Autonomy beschreibt die Fähigkeit, schnell auf neue Chancen zu reagieren, sich an volatile Märkte anzupassen und Selbstzufriedenheit zu vermeiden. Dies benötigt im Normalfall einen großen Freiraum für Innovationsteams. Alignment beschreibt ein klares Gespür dafür, wo und wie Wert geschaffen wird und wie Aktivitäten koordiniert und organisiert werden müssen, um diesen Wert zu realisieren. Dies benötigt im Normalfall klare Vorgaben zu Zielen und erwartetem Wertbeitrag an Innovationsteams.«[53]

Eine permanente iterative und kritische Begleitung des Innovationsprozesses dient auch der Motivation und der Wertschätzung des Innovationsteams. Voraussetzung ist eine gemeinsame Haltung, ein fundiertes Wissen und die Akzeptanz, dass die Sache auch schiefgehen kann. Ein Innovationsprozess muss begleitet werden. Es braucht jemanden, der nach außen guckt und beobachtet, wie der Markt agiert, und es braucht jemanden, der nach innen schaut und prüft, ob die Verhältnismäßigkeit noch gegeben ist. Wenn Aufwand und Nutzen nicht mehr in einem gesunden Verhältnis stehen, muss Schluss sein.

Innovation braucht Menschen, die mutig und unkonventionell sind. Gerade begeisterungsfähige Menschen neigen aber dazu, dass sie sich dermaßen in eine neue Entwicklung verlieben, dass sie diese Liebe komplett blind macht. Deshalb braucht Innovation auch diejenigen, die aufpassen, dass Innovationen nicht aus dem Ruder laufen und unwirtschaftlich werden. Manchmal ist man mit einer Idee auch einfach noch zu früh dran und es lohnt sich, sie zu einem späteren Zeitpunkt noch einmal zu verfolgen.

Jede und jeder in führender Verantwortung muss sich fragen: *Bin ich ein krisenaffiner, innovativer, beweglicher Typ? Oder eher der Typ, der bewahrend ist und Bedenken äußert?* Beide Typen sind in Innovationsprozessen wichtig, aber nur in den seltensten Fällen sind diese Rollen klar definiert. Meist wollen in Führungsteams entweder alle beweisen, dass sie die besseren Innovationsleader sind, oder aber die besseren Warner. Besser wäre es, einfach allen eine Rolle zuzuweisen und damit die Entscheidungen auf ein höheres Qualitätsniveau zu heben.

Zu guter Letzt braucht Innovation immer auch Kommunikation. Damit sich Ideen durchsetzen können, müssen sie einfach, verständlich und nachvollziehbar sein.

Wenn ich von etwas sage: *Das ist unsere Zukunft!,* dann muss ich Menschen um mich herum versammeln, die mich unterstützen, die an meine Idee glauben und Geld bereitstellen. Dafür muss ich gut erklären können, worum es bei der Innovation geht. Wolf Lotter schreibt dazu: »Wenn es darum geht, erfolgreich zu transformieren, brauche ich Bilder, weniger Visionen oder Utopien – die glauben viele Menschen ja zu Recht nicht –, aber glaubwürdige Vorstellungen und einen nachvollziehbaren Zusammenhang, einen Kontext, warum mir das jetzt nutzt. Die Sprache der Innovatoren ist aber sehr weltfremd. Wissen implodiert, es sollte aber explodieren, damit es sich verbreitet, geteilt werden kann. Mit dem Wert von geteiltem Wissen ist keine romantische Vorstellung des Mitnehmens von Menschen zu einem Innovationsschritt gemeint, sondern schlicht die Fähigkeit, das, was man kann und weiß, auch verständlich zu machen. Kommunikation, gute Narrative sind der Schlüssel. Menschen sind so: Sie wollen halbwegs verstehen, was sie von einer Anstrengung haben.«[54]

>> *Die Beschäftigung mit Innovationen gibt viel positive Gedankenkraft und Zuversicht.* <<

Ich habe zehn Jahre meines Managerlebens damit zugebracht, Unternehmensbereiche abzuwickeln, die nicht rechtzeitig reagiert, sich nicht angepasst und nicht auf Innovationen gesetzt haben. Das hat mich für das Thema Innovation sensibilisiert und mich dazu motiviert, mir für meinen absehbar letzten Job als angestellte Managerin eine Herausforderung in einer Branche zu suchen, die innovativ, zukunftsgewandt und enorm spannend ist: die Baubranche, speziell die Gebäudetechnik.

Als Chief Digital Officer bei Bosch Building Technologies war ich unter anderem für den Fortschritt in der KI-basierten Entwicklung des Digitalen Zwillings verantwortlich. Ein Digitaler Zwilling ermöglicht die Simulation, Analyse und Darstellung in virtueller Form, in unserem Fall insbesondere in gewerblich genutzten Gebäuden. Dafür bilden verschiedene Datenpunkte das statische Gebäude virtuell ab, es entsteht besagter digitaler Zwilling. Statt mühsam Informationen über das Heizsystem, die Klimatechnik oder das Schließsystem in manuellen Listen und Auswertungen zusammenzutragen, sind alle relevanten Informationen über das Gebäude zentral, digital und in einem einheitlichen Format verfügbar. Grafisch gut aufbereitete Dashboards zeigen zum Beispiel, wo sich Energiesparpotenziale verbergen, wie gesund das Raumklima ist oder ob Lüftung und Licht optimal gesteuert sind. Damit bietet das Tool eine Virtualisierung einer sehr komplexen Technik. Gerade für Neubauten ist das spannend. Es hat sich zum Beispiel gezeigt, dass es klimatechnisch viel sinnvoller ist, Hochhäuser zu bauen, weil sie mehr Möglichkeiten bieten, Klimaausgleichs- und Gemeinschaftsflächen zu integrieren als in Individualgebäuden.

Um unsere Innovation noch besser zu machen, haben wir sehr aktiv den Austausch gesucht – unter anderem besuchten wir das Unternehmen The Edge, das zum Beispiel das gleichnamige Bürohaus in Amsterdam gebaut hat, es gilt als eines der »intelligentesten« Gebäude der Welt. Wir wollten verstehen, was sich die Verantwortlichen dabei gedacht und wie sie es gemacht haben. Übergeordnet stand die Frage, wie sich die Digitalisierung auf die Gebäudetechnik auswirken wird und wie wir mit sinnvollen Produkten beitragen können. Mich haben diese Innovation und der Austausch mit einem Unternehmen, das so frühzeitig und klar die Bedürfnisse der Kunden adressiert hat, fasziniert und beflügelt. Ich habe in diesem Job sehr viel gelernt und Expertise gewonnen, die ich mir sonst nur durch sehr spezielle Studiengänge hätte erarbeiten können. Es war die bis dahin größte Innovation, die ich selbst mitgestalten konnte. Das war unglaublich motivierend. Ich glaube, das habe ich nach Jahren der Restrukturierungsarbeit für meine Seele und meinen Verstand gebraucht: eine Aufgabe, bei der ich viel lernen kann, die nach vorne gerichtet ist und die mir noch einmal sehr konkret die Möglichkeiten der künstlichen

Intelligenz, der Digitalisierung und der Technologie aufgezeigt hat. Die Beschäftigung mit Innovationen gibt viel positive Gedankenkraft und Zuversicht. Schon deshalb lohnt sie sich.

MEIN IMPULS
WIR KÖNNEN ZUKUNFT – MIT LUST AM FORTSCHRITT

Wir brauchen Innovationen, um unsere Zukunft gut zu gestalten. Entgegen der allgemeinen Stimmung – und trotz der tatsächlich existierenden wirtschaftlichen Probleme – ist Deutschland nach wie vor ein Land der Tüftler und Erfinderinnen: Im Global Innovation Index 2023[55] der World Intellectual Property Organization (WIPO) wird Deutschland unter den Top Ten der innovativsten Länder geführt und München rangiert unter den Top Ten der wissenschafts- und technologieintensivsten Cluster weltweit. Auch laut European Innovation Scoreboard 2023[56] zählt Deutschland zu den »Strong Innovators« und performt über dem EU-Durchschnitt.

Es ist wohl wirklich so, dass wir in diesem Land mitunter dazu neigen, vieles sehr viel schlechter zu reden, als es eigentlich ist. Ein Blick auf die Jahresstatistik 2023 des Deutschen Patent- und Markenamts (DPMA) jedenfalls zeigt: Die Zahl der Patentanmeldungen deutscher Unternehmen steigt wieder, nachdem sie mit Einsetzen der Coronapandemie mehrere Jahre in Folge rückläufig war, was die DPMA-Präsidentin Eva Schewior als ein »ermutigendes Zeichen in wirtschaftlich schwieriger Zeit« wertet.[57]

Was passiert, wenn die positiven Aspekte von Innovation unbeachtet und die freundlichen Appelle an mehr Innovationsmut ungehört bleiben, benennt erneut Sabina Jeschke trefflich. Auf die Feststellung, viele Belegschaften und Unternehmensspitzen seien angesichts der Transformationen durch Digitalisierung und KI überfordert, antwortet sie: »Dieses Gejammer bringt mich um. Wenn sich exogene Faktoren ändern, muss ich mich anpassen. Das nennt man Leadership und Führungsverantwortung. Wer das schafft, wird erfolgreich sein, während andere zurückfallen.«[58] Fürs Zurückfallen haben wir angesichts von dringend erforderlichen Innovationen, zum Beispiel zur Bekämpfung des Klimawandels, gar keine Zeit. Allerdings muss auch strukturell einiges passieren: Laut der Unternehmensberatung BCG ist das deutsche Innovationssystem »grundsätzlich leistungsfähig«, es weise allerdings substanzielle Schwächen auf. Sie rät zu einer Priorisierung langfristiger strategischer Innovationsziele, weniger Silodenken und weniger Bürokratie, einem besseren Transfer von der Forschung in die Wirtschaft und die »Mobilisierung von mehr inländischem geduldigen Wachstumskapital«. »Das Potenzial«, schreibt BCG, »das in Deutschland aktuell darauf wartet, durch eine Zukunftsoffensive zur Transformation des Innovationssystems freigesetzt zu werden, ist enorm.«[59]

Worauf warten wir noch?

DAS BISSCHEN KRISE HAUT UNS NICHT UM

Eine gute Zukunft braucht Menschen, die Verantwortung tragen. Wer Karriere macht und Führungspositionen übernimmt, wird allerdings mit Aufgaben, Sachverhalten und Umfeldern konfrontiert, mit denen vorher nicht zu rechnen war. Führen ist manchmal einsam, manche Umfelder können toxisch sein. Umso wichtiger ist es, Resilienz aufzubauen. Dabei hilft ein stabiles persönliches Wertesystem, eine gute Vorbereitung auf die Managementrolle und Menschen, die dabei unterstützen, mit den ganz eigenen Regeln der Managementwelt klarzukommen.

Die erste Situation in meinem Leben als Managerin, in der ich mich sehr einsam gefühlt habe, fand im Untergeschoss der Siemens-Zentrale am Wittelsbacher Platz in München statt. Dort führte damals die US-Kanzlei Debevoise & Plimpton im Auftrag des Konzernvorstands ihre Befragungen zur Compliance-Affäre durch. Diese internen Vernehmungen folgten auf die staatsanwaltlichen Ermittlungen zum bis dato größten und teuersten Korruptionsfall der deutschen Nachkriegsgeschichte: Zwischen 1994 und 2006 hatten Angestellte von Siemens systematisch weltweit insgesamt 1,3 Milliarden Euro Schmiergeld an korrupte Beamte und Geschäftspartner verteilt.

Kurz bevor der Skandal aufflog, war ich als junge Führungskraft über gleich zwei Ebenen befördert worden. Dieser Sprung war sehr groß, kam eher unerwartet und bedeutete sehr viel mehr Verantwortung und teils auch unbekanntes Terrain. Ich hätte Zeit gebraucht, um in die Rolle hineinzuwachsen. Stattdessen landete ich sehr naiv und ohne Ahnung von all den Machenschaften in einem sehr schwierigen Umfeld. Die Süddeutsche Zeitung bezeichnete den Siemens-Skandal später »als gigantischen Regelverstoß«, dessen Aufarbeitung durch die Münchner Ermittler und durch den Konzern weltweit Maßstäbe gesetzt habe.[60]

Da war ich nun also in einen Kosmos geraten, der mir auf der ethischen Ebene vollkommen fremd war. Mein Wertekonzept fußt auf den Grundsätzen: Sei ehrlich, sei anständig, gib dein Bestes. Das Umfeld, in dem ich mich nach der Beförderung befand, repräsentierte etwas ganz anderes, was mir bei meinem Einstieg aber überhaupt nicht klar war. Sehr lange Zeit begriff ich gar nicht, was vor sich ging, und vermutlich hatte man mich auch genau deshalb auf diesen Platz gesetzt. Als ich langsam dahinterkam, war ich erst überrascht, dann schockiert. Im Nachhinein habe ich begriffen, dass ich mich damals außerhalb eines geschlossenen Systems befand; dieses System funktionierte wie eine Familie, wie die Mafia, in der einer den anderen schützt. Ich geriet mit in den Strudel.

Um mich herum wurden im Zuge der Aufarbeitung und Ermittlungen Kollegen gekündigt oder sogar verhaftet, es herrschte große Unruhe und auch Angst. Auch mich plagten Selbstzweifel, obwohl ich wusste, dass ich mir nichts hatte zuschulden kommen lassen. Wie sollte ich mich verhalten? Wem trauen? Was tun? Was lassen? Hatte ich mit meinen unternehmerischen Entscheidungen vielleicht unwissentlich gegen Compliance-Richtlinien verstoßen? Es war eine sehr schwierige Zeit für mich. Die Erfahrung, dass es in dem Umfeld, in dem ich seit so vielen Jahren so gerne gearbeitet hatte, solche Machenschaften gab und ich dadurch mit Staatsanwaltschaft, Landeskriminalamt und unzähligen Anwältinnen und Ermittlern zu tun bekam, war für mich fast unerträglich. Wie konnte das sein?

Damals war der Begriff der Resilienz – der Widerstandfähigkeit – noch nicht so verbreitet wie heute. Das Leibniz-Institut für Resilienzforschung definiert Psychologische Resilienz »als das Ergebnis einer guten psychischen Gesundheit trotz Belastungen, also als die Aufrechterhaltung oder rasche Wiederherstellung der psychischen Gesundheit während und nach schwierigen Lebensphasen«.[61] Mir hat mein Wertekodex damals sehr geholfen, resilient zu sein. Er war wie ein Kompass, mit dem ich durch diese schwierige Zeit navigiert bin.

Mein Büro wurde in meiner Abwesenheit mehrfach durchsucht. Die Ermittlungsbehörden bestellten mich ein. Alle Vorwürfe wurden entkräftet, trotzdem ging es mir damals sehr schlecht. Zeitgleich gab es auch schwierige Veränderungen in meinem Privatleben, unter anderem habe ich mich von meinem ersten Mann getrennt. Es kamen viele Faktoren zusammen. Ich war einfach überrumpelt von der Geschwindigkeit, in der sich der Wind in meinem Leben gedreht hatte.

» *Optimismus, Selbstwirksamkeit und ein unterstützendes soziales Umfeld sorgen für Resilienz.* «

Was mich in dieser Zeit wohl am meisten bewegt und beschäftigt hat, war die Überzeugung, unfair behandelt zu werden: Während im deutschen Rechtssystem die Unschuldsvermutung gilt und Verfehlungen hieb- und stichfest bewiesen werden müssen, herrschte bei den internen Untersuchungen in der Siemens-Zentrale – zumindest gefühlt – das genaue Gegenteil: Alle Personen ab einer gewissen Managementebene mussten aussagen und standen erstmal unter dem Generalverdacht, an der Affäre beteiligt gewesen zu sein.

Die verschiedenen von Siemens engagierten Anwaltskanzleien waren angetreten, um gründlich aufzuräumen, was natürlich grundsätzlich auch richtig war. Ihre Befragungsmethoden erinnerten mich aber an FBI-Szenen aus Spielfilmen. Niemals vorher und niemals danach bin ich Menschen begegnet, die ein so düsteres und destruktives Umfeld schaffen. Ihre Gesprächsführung war auf Suggestivfragen aufgebaut und da ich mich schon bei der Einladung zu dieser Befragung sehr unwohl fühlte, habe ich einen Kollegen gebeten, zu der Befragung mitzukommen und ein Wortprotokoll zu führen. Mein Arbeitgeber selbst war keine Hilfe. Ich hatte privat einen Anwalt für Wirtschaftsstrafrecht engagiert, um mich zu schützen, was gar nicht so einfach war, denn damals gab es kaum eine renommierte Wirtschaftskanzlei, die nicht mit einem Siemens-Mandat befasst war.

Während dieser düsteren Zeit habe ich mit Siemens gebrochen, denn wir Führungskräfte wurden alle in einen Topf geworfen und man entzog uns komplett das Vertrauen. Nach dieser Erfahrung war ein Arbeiten für mich dort nicht mehr möglich. Die Atmosphäre war vergiftet und von Misstrauen durchtränkt. Ich fühlte mich allein gelassen, und ich schwor mir, niemals mehr zu vergessen, dass ich mich im Zweifelsfall nur auf mich selbst, auf meine Familie und meine Freundinnen und Freunde verlassen kann. Es war ein sehr unschönes Ende von rund 20 schönen Jahren.

Mir haben damals drei Eigenschaften geholfen, die Situation unbeschadet zu überstehen, die heute ebenfalls als Treiber für Resilienz gelten: Optimismus, Selbstwirksamkeit und ein unterstützendes soziales Umfeld. Wer in schwierigen Zeiten seine Zuversicht bewahrt und positiv in die Zukunft blickt, ist widerstandsfähiger als andere. Resiliente Menschen vertrauen darauf, dass sich alles zum Guten wendet, davon sind Forschende überzeugt. Auch das Gefühl der Selbstwirksamkeit hilft durch Krisen: »Die Selbstwirksamkeit nach Albert Banduras beschreibt die subjektive Überzeugung, Herausforderungen im Leben aus eigener Kraft meistern zu können«, erklärt Dr. Isabella Helmreich, Psychotherapeutin und wissenschaftliche Leiterin am Leibniz-Institut für Resilienzforschung in einem Interview[62]. Stressige Situationen würden nicht als Bedrohung wahrgenommen, sondern als Chance, an ihnen zu wachsen; zudem empfänden sich Menschen mit einer hohen Selbstwirksamkeit nicht als Opfer der Umstände, sondern wüssten, dass sie ihr Leben aktiv gestalten können.

Ein wichtiger Pfeiler für die Widerstandsfähigkeit in belastenden Situationen sind außerdem soziale Unterstützungsnetzwerke. Gute und vertrauensvolle Beziehungen zu Menschen, denen man auch mal seine Sorgen anvertrauen kann, sind enorm wichtig und tragen laut der aktuellen Glücksforschung auch in »normalen Zeiten« ganz erheblich zum Wohlbefinden bei.

Bei aller Verunsicherung bin ich im Rückblick aus dieser außergewöhnlichen Zeit gestärkt hervorgegangen. Wohl auch, weil ich mein Verhalten verändert habe: Damals habe ich begonnen, eine Distanz zwischen mir als Person und meinem Job zu schaffen. Seitdem ist mein Blick auf meinen Job ein sehr viel rationalerer und vorsichtigerer: Die Arbeit ist eben nicht der berühmte Ponyhof, sondern ein Auftrag, für den ich bezahlt werde und für den ich mir Menschen suchen muss, mit denen ich diesen Auftrag bestmöglich erledigen kann. Nicht mehr und nicht weniger. Diese Strategie hat mir später auch geholfen, unbequeme Aufgaben zu bewältigen.

Was ich bei Siemens erlebt habe, ist nicht allgemeingültig – wer gerät in seinem Berufsleben schon in einen Wirtschaftsskandal? Dennoch bin ich überzeugt, dass in Führungspositionen andere Mechanismen wirken als in anderen Arbeitsumfeldern, und dass sich Menschen mit der Übernahme von Führungsposten sehr häufig verändern. Manager agieren ab einer bestimmten Hierarchieebene in einer eigenen Welt. Dabei ist es völlig egal, ob sie in einem deutschen, amerikanischen oder japanischen Unternehmen arbeiten. Sie sind in der Regel von Personen umgeben, die sich auf der gleichen Managementebene befinden, und folgen demselben Verhaltenskodex. Alle sind sehr beschäftigt mit ihren Aufgaben, es wird viel gearbeitet. Dadurch ist ihr Blick stark einschränkt und es werden viele Dinge ausgeblendet.

In meinem Fall war es so, dass ich oft schwierige Restrukturierungsjobs zu erledigen hatte und mir deshalb überhaupt keine Zeit blieb, mich mit irgendetwas anderem zu befassen. Das ist wie in einem Tunnel, und die Gefahr, den Kontakt zum normalen Leben zu verlieren, ist hoch. Die Aufgaben und die Rolle nehmen einen stark in Beschlag und so entfernt man sich schrittweise vom Leben der anderen. Der Fokus ist einfach unterschiedlich gesetzt:

Während die einen neben ihrem Berufsleben Familien gründen, ihren Hobbys nachgehen und regelmäßig ihre Freundinnen und Freunde treffen, stellen Führungskräfte in Top-Positionen ihr Privatleben zumindest phasenweise für die Arbeit an zweite Stelle, einfach auch dadurch, dass sie viel unterwegs sind.

>> *Führungsaufgaben erfordern neue Fähigkeiten, von denen man im Vorfeld meist nichts ahnt.* <<

Für Führungsaufgaben musste ich mir Fähigkeiten aneignen, die vorher in meinem Berufsleben nicht gefragt waren. Zum Beispiel, Risiken richtig zu bewerten. Als Geschäftsführerin bewegt man sich gerade in Deutschland in einem rechtlich sehr engen Rahmen und haftet persönlich für Fehler. In der Führungsposition musste ich mir plötzlich genau überlegen, wem ich vertrauen kann und mit wem ich kritisches Wissen teile. Über solche Fallstricke hatte ich mir im Vorfeld nie Gedanken gemacht. Ich bin ein offener, vertrauensvoller Mensch und nun musste ich vorsichtig sein und aufpassen, ob Kollegen und Mitarbeitende vielleicht nicht nur deshalb meine Nähe suchen, um Interna zu erfahren. Das hat die Perspektive auf mein Umfeld verändert. Eine Managementposition zwingt zur Vorsicht, mit ihr wird alles ernsthafter.

Linda Hill, Professorin für Betriebswirtschaft an der Harvard Business School und Autorin des Buches »Becoming a Manager«, forschte schon vor gut 20 Jahren dazu, wie junge Leistungsträgerinnen und Leistungsträger den Start in ihre erste Führungsposition erleben. Seitdem dürfte sich nur wenig geändert haben. Sie schreibt 2007 im Harvard Business Manager: »Eine der ersten Lektionen, die neue Manager lernen, ist, dass ihre Rolle, die schon per definitionem eine Belastung ist, noch mehr von ihnen fordert, als sie vermutet haben. Überrascht erfahren sie, dass sich die Fähigkeiten und Methoden, über die sie als erfolgreicher Einzelkämpfer verfügen mussten, ganz erheblich von denen unterscheiden, die ein erfolgreicher Manager benötigt.« Sie müssten zudem begreifen, dass es eine Kluft zwischen ihren gegenwärtigen Fähigkeiten und den Anforderungen der neuen Position gibt.[63]

Menschen, die Karriere machen und Geschäftsführungs- oder Managementposten innehaben, exponieren sich, sie stechen hervor und heben sich ab. Ich hatte das immer gewollt, aber ich war nicht gut darauf vorbereitet, was diese Exponiertheit für meine Verbindung zu anderen Menschen bedeutete. Spätestens als ich mit den ersten Restrukturierungsprojekten bei Siemens betraut war, musste ich mich von meinem früheren Kollegenkreis abnabeln. Ich musste über Menschen entscheiden, mit denen ich lange zusammengearbeitet hatte und die ich mochte. Ich verfügte über Wissen, das sie und ihre Zukunft betraf. Ich wusste, was als Nächstes passieren würde. Wissen ist tatsächlich Macht.

Es liegt nicht nur an der hohen Arbeitsbelastung, dass Burnout und Erschöpfung in Managementkreisen so weit verbreitet sind. Es liegt auch an den Veränderungen, die die Rolle mit sich bringt und auf die viele nicht gut vorbereitet sind.

»27 Prozent aller Befragten würden den Schritt zur Führungskraft am liebsten rückgängig machen.« Diese bemerkenswerte Erkenntnis stammt aus einer Studie der Jobbörse Stepstone[64] aus dem Jahr 2019 – also aus der Vor-Corona-Zeit, in der Pandemie, erhebliche Lieferkettenprobleme und ein Angriffskrieg in Europa noch unvorstellbar waren und der externe Druck auf Unternehmen noch geringer war als heute. In der Studie geht es um den neuen Arbeitsalltag von Menschen, die von der Fach- zur Führungskraft werden und die plötzlich mit mehr Verantwortung, mehr

Arbeit und häufig auch mehr Stress umgehen müssen. 16 Prozent aller befragten Vorgesetzten räumten ein, ihre neue Rolle als Chef nicht zu mögen.

Eine Erkenntnis, die sich in Unternehmen schleunigst herumsprechen sollte: Die meisten der befragten Führungskräfte hätten sich ein Coaching gewünscht, aber nur 15 Prozent waren im Vorfeld von ihrem Unternehmen auf die neue Rolle vorbereitet worden. Mehr als ein Drittel erhielt die Fortbildung erst kurz nach der Beförderung oder erst ein Jahr später. Knapp jeder Zehnte hat sich auf eigene Kosten eine Weiterbildung organisiert. Und, um auch das noch zu erwähnen: Von den erwähnten 27 Prozent, die lieber gar keine Führungskraft mehr wären, machen laut Stepstone nur die wenigsten ihren Karriereschritt rückgängig, »neben finanziellen Gründen liegt das vor allem daran, dass sie um ihr Ansehen im Unternehmen fürchten.« Das zeigt einmal mehr, wie wichtig eine offene Unternehmenskultur ist, die ihre Mitarbeitenden – auf jeder Hierarchieebene – unterstützt und sie ihren Fähigkeiten gemäß einsetzt. Stattdessen werden viele auf einen Posten befördert und dann allein gelassen.

Als ich Geschäftsführerin bei dem aus dem Konzern herausverkauften Private-Equity-Unternehmen Siemens Enterprise Communications, später Unify, wurde, war ich absoluter Neuling in dieser Aufgabe. Ich wusste: Ich trage hier jetzt die Verantwortung – für den unternehmerischen Erfolg, für die Mitarbeitenden, gegenüber den Behörden und allen Shareholdern. Dass ich durch eine im Businessumfeld übliche sogenannte D&O-Versicherung abgesichert war, musste ich selbst herausfinden. Für die Private-Equity-Leute waren solche Details normal, die kaufen ständig Unternehmen und verkaufen sie wieder.

Laut Linda Hill ist Führen lernen ein Prozess des Learning by Doing[65]. Es lasse sich nicht im Klassenzimmer vermitteln, sondern sei »eine Kunst, die sich ein Manager vorwiegend durch konkrete praktische Erfahrungen während seiner Arbeit aneignet – insbesondere durch schwierige Erfahrungen. Denn diese helfen ihm, durch Versuch und Irrtum voranzukommen. Die meisten hervorragenden Leistungsträger haben noch nicht viele Fehler gemacht, sodass dies neu für sie ist. Außerdem sind sich nur wenige Manager in den belastenden Momenten, in denen ihnen ein Fehler unterläuft, bewusst, dass sie lernen. Der Lernprozess vollzieht sich schrittweise und allmählich.«

» Es gibt keine Vollkaskoversicherung für den Erfolg. Nichts zu tun, ist keine Option «

Verantwortung zu tragen, macht nicht zwangsläufig einsam. Im Wirtschaftskontext bedeutet Verantwortung, dazu beizutragen, dass Menschen gute Arbeitsbedingungen haben und dass Geschäftsstrategien umgesetzt werden. Wer in schwierigen Zeiten oder Umgebungen Managementposten übernimmt, sollte sich im Vorfeld Gedanken darüber machen, was das konkret bedeutet, wie weit der eigene Einfluss reichen wird und wo die eigenen Grenzen sind. Solange alles gut läuft, herrscht eine große Gemeinsamkeit. Erfolg hat immer insbesondere viele Väter. Sobald aber unpopuläre Entscheidungen getroffen werden müssen, formiert sich Gegenwehr. Ich stand oft zwischen den Shareholdern des Unternehmens und dem Rest, also den eigenen Kollegen und den Mitarbeitenden. Für mich bedeutet Verantwortung auch, ein Risiko einzugehen. Es gibt keine Vollkaskoversicherung für den Erfolg. Nichts zu tun – und viele Manager neigen dazu, nichts zu tun war für mich nie eine Option.

Wenn es darum ging, unternehmerische Missstände zu beheben, die in meinem Verantwortungsbereich lagen, konnte ich nicht auf all die Meinungen und Befindlichkeiten in meinem Umfeld Rücksicht nehmen. Wer einen Teich trockenlegen will, sollte ja bekanntlich nicht die Frösche fragen. Allerdings: Gute Analyse und Planung auch von sehr schwierigen Veränderungen helfen dabei, Zweifler eines Besseren zu belehren, und spornen an, erfolgreich zu sein.

Generell herrscht in einem Private-Equity-Unternehmen ein deutlich raueres Klima als im Konzern. Das liegt auch daran, dass in Konzernen viele Führungskräfte Eigengewächse sind und es deshalb in vielen Fragen einen Common Sense gibt. Ganz anders in einer Kapitalbeteiligungsgesellschaft: Dort kommen Führungskräfte aus allen möglichen Branchen zusammen, es gibt eine hohe Fluktuation auf den Führungsposten, viele verfolgen ihre eigenen Interessen; die Gehälter sind hoch, weshalb viele wegen des Geldes anheuern. Wer nicht performt, spürt sofort Konsequenzen, weil die Investoren sehr schnell reagieren. Man lernt in diesem Umfeld sehr viel über unternehmerisches Denken und Handeln und Unternehmensführung. Aber: Private-Equity-Unternehmen sind keine Spielwiese, auf der man sich grobe Fehler erlauben kann.

Diese Gemengelage führt im kollegialen Umfeld zu einer hohen Form von Wettbewerb und Rivalität. Hier hat im Vergleich zum Konzern jede Führungskraft mehr zu verlieren. Ich wurde besonders kritisch beäugt, denn ich war für Logistik, Produktion und Einkauf verantwortlich und hatte einen hohen Einfluss auf die Wertschöpfung und somit auch auf die Bilanz. Ich war blauäugig. Da ich immer loyal war, bin ich davon ausgegangen, dass andere auch loyal sind. Da ich nicht intrigant war, bin ich davon ausgegangen, dass andere es auch nicht sind. Und da es mir nicht um persönliche Macht ging, habe ich es von anderen ebenso angenommen. Zurückblickend hatte ich viele Veränderungen bedacht und erwartet, mich aber zu wenig darum gekümmert, was das für mich und meine Rolle bedeuten könnte. Ich hätte mich mehr mit den Auswirkungen auf mich und meine Positionierung befassen müssen – beides habe ich vollkommen unterschätzt. Mit der Zeit lernte ich, vorsichtiger zu sein, und auch mit Neid und Missgunst umzugehen. Lange Zeit hatte ich mich ausnutzen lassen und war schlicht zu vertrauenswürdig und nett gewesen.

Die Menschen in meinem Kernteam waren mir sehr ähnlich, auf die konnte ich mich verlassen. Aber das Umfeld war schwierig. Hinzu kam, dass ich nach einer gewissen Zeit überarbeitet war, ein Zustand, in dem man angreifbar wird. Vor allem aber konnte und wollte ich mich nicht neben all meinen Aufgaben auch noch mit zwischenmenschlichen Spielchen befassen. Äußerlich sind die vielen Intrigen und Ränkespiele dieser Zeit an mir abgeprallt, innerlich haben sie mich aber doch oft getroffen. Es bleiben Narben. Wohl auch deshalb hat mich der Job an den Rand der Erschöpfung gebracht. Nicht nur wegen der Arbeitsbelastung, sondern wegen der Atmosphäre. Denn letztlich war es mir doch immer noch wichtig, empathisch, freundlich und motivierend zu führen. Heute beurteile ich meine Zeit im Private-Equity-Umfeld als eine Phase des Umbruchs, des Lernens und Verstehens – und auch als eine Einführung in die Managerwelt mit all ihren Schattenseiten.

Eine wichtige Erkenntnis, die mir geblieben ist: Ich kann Macht an sich gut akzeptieren und ich glaube auch, dass ich mit Macht umgehen kann. Aber ich strebe nicht nach ihr um ihrer selbst willen. Was mich immer wieder umgehauen hat, waren die Typen, die Macht eingesetzt haben, um mit minimalem Einsatz den maximalen persönlichen Vorteil zu erzielen. Diesen Managern ging es nicht darum, das Unternehmen zu erhalten oder zu stabilisieren; denen waren auch die Mitarbeitenden egal, die auf der Strecke blieben. Sie konnten die Menschen ausblenden. Vielleicht mochten sie Menschen auch einfach nicht.

Wenn sich die Umgebung stark und belastend verändert und die Atmosphäre feindlich wird, sollte man gehen. Menschen können sich in einem vergifteten Umfeld nur begrenzt lange aufhalten, ohne krank zu werden. Der Preis ist zu hoch. Natürlich gibt es immer hunderte Argumente, nicht zu kündigen. Dennoch bin ich überzeugt, dass die Trennung vom Arbeitgeber der einzige, wenn auch meistens sehr schmerzhafte Weg ist, sich aus so einem Umfeld zu lösen. Wenn zu einer Dauerbelastung eine feindliche Umgebung kommt, dann vergiftet das die Seele. Man beginnt, zynisch zu werden, oder entwickelt starke Zweifel.

> *Wer im permanenten Widerspruch zu seinen Überzeugungen handelt und nicht das tut, was seinen Fähigkeiten entspricht, muss sich immerzu anpassen. Das kann nicht gutgehen.* «

Das Manager Magazin schreibt im September 2023 über toxische Arbeitsumfelder: »Es sind Unzählige, die hinwerfen: Weil sie ihre Vorgesetzten nicht mehr ertragen. Weil sie es hassen, systematisch kleingemacht zu werden. Weil sie in einer Hierarchie arbeiten, die keine gesunde Führungskultur kennt. Und weil ihr Job sie im schlimmsten Falle krank macht. Die Welt da draußen mag achtsamer werden, die Interessen von Minderheiten besser schützen und gegenseitigen Respekt beschwören. Doch in vielen Unternehmen lebt offensichtlich weiterhin eine Kultur der Arschlöcher.«[66]

Einer Studie des McKinsey Health Institute (MHI) zufolge sind eine toxische Arbeitsumgebung und ein unklares Rollenverständnis Hauptgründe für Burn-out-Symptome.[67] Wer im permanenten Widerspruch zu seinen Überzeugungen handelt und nicht das tut, was seinen Fähigkeiten entspricht, muss sich immerzu anpassen. Das kann nicht gutgehen. Diese Menschen nutzen sich ab und stürzen irgendwann in eine große Leere, in der sie nichts mehr spüren. Ich halte diese Gefahr für sehr hoch. In einer Führungsposition darf man gar nicht erst zulassen, dass man nicht auf sich aufpasst. Nicht umsonst ist gerade in Managementkreisen der Konsum von Alkohol, Drogen, Aufputsch- und Schlafmitteln besonders verbreitet. Es gibt einige Eigenschaften, die die Entwicklung einer Sucht begünstigen können, heißt es auf der Website der My Way Betty Ford Klinik in Bad Brückenau. »Dazu zählen unter anderem eine Neigung zum Perfektionismus, der Konflikt zwischen Freiheitswillen und Unterordnung und eine starke Ausrichtung auf äußere Anerkennung – Eigenschaften, die vielen Managern zugeschrieben werden können.«[68]

Je jünger und fitter, desto mehr glaubt man, man sei unverletzlich. Als ich noch sehr jung in eine Managementfunktion kam, habe ich vor Kraft gestrotzt. Mir haben lange und intensive Arbeitstage nichts ausgemacht, ich konnte mit wenig Schlaf umgehen und war hochgradig stressresistent. Die Welt stand mir offen, es ging immer nur aufwärts und ich hielt mich für unbesiegbar. Die Euphorie dieser frühen Sturm- und Drang-Phasen verleitet dazu, die eigenen Kräfte zu überschätzen. Es braucht eine Regulierung, eine Art Selbstschutz, der begleitend mitlaufen muss. Früher oder später kommt eine Situation, in der sich etwas verändert und einem der Wind ins Gesicht schlägt. Mich hat das zwei-, dreimal unvorbereitet getroffen, meistens auf der zwischenmenschlichen Ebene. Hier hilft es, die anderen zu beobachten und wahlweise als gutes oder abschreckendes Beispiel für sich selbst zu nehmen. Es gab zum Beispiel Kollegen, die sehr positive Vorbilder waren, da sie sich unter anderem ganz bewusst Auszeiten für ihre Familie genommen haben.

Wer eine Managementposition übernimmt, muss sich aber darüber im Klaren sein: Es gibt in solchen Jobs keine Work-Life-Balance. Da gibt es nur Work. Wahrscheinlich neigen Manager deshalb dazu, sich allein über ihre Arbeit zu definieren. Sie drücken alles andere beiseite, wollen unbedingt funktionieren, Erwartungen erfüllen und performen. Bricht die Arbeit weg, stellen sie fest: Das war mein Leben, und jetzt ist mein Leben weg. In der Coronapandemie hat sich gezeigt, dass sehr viele Führungskräfte nur wenige soziale Kontakte haben und eigentlich ganz allein sind. Oft stilisieren sich auch gerade Männer in Führungspositionen als Einsamer Wolf oder Einsamer Ritter, der tapfer seine Mission erfüllt. Darin liegt eine gewisse Tragik.

Meine einsamste Entscheidung habe ich 2013 gefällt. Damals beschloss ich, Unify zu verlassen. Es war das erste Mal in meinem Berufsleben, dass ich mich nicht für, sondern gegen etwas entschieden habe. Das hat mich sehr viel Kraft gekostet und war sehr schwierig für mich. Wäre ich geblieben, wäre ich krank geworden. Und ich hätte mich selbst und alles, an das ich glaube, aufgegeben.

>> *Ich halte es für wichtig, dass jede Führungskraft die Konsequenzen zieht, wenn sie gegen die eigenen Werte und Überzeugungen handeln soll.* <<

Natürlich habe ich in meinem Berufsleben immer auch Kompromisse gemacht. Aber es gibt, wenn schon keine rote Linie, so doch rote Punkte. Ich halte es für wichtig, dass sich jede Führungskraft solche Punkte setzt und die Konsequenzen zieht, wenn sie gegen die eigenen Werte und Überzeugungen handeln soll. Nach meinen Erfahrungen war es immer gut, bei meinem Wertegerüst zu bleiben. Nichts kann so wichtig sein, sich selbst zu korrumpieren.

Und wie tief kann man denn wirklich fallen, wenn man bei sich bleibt?

Ich habe damals alles in die Waagschale geworfen, denn ich hatte zum Zeitpunkt meiner Kündigung noch keinen neuen Job und ich wusste, dass ich mich ausruhen muss, um nicht krank zu werden. Ich wusste aber auch: Wenn das schiefgeht, dann hat das erhebliche wirtschaftliche Konsequenzen für mein Leben, etwas, worüber ich mir vorher nicht ansatzweise Gedanken machen musste. Trotzdem habe ich mich für Unabhängigkeit und Freiheit entschieden, wohl auch, weil ich ein grundsätzlich experimentierfreudiger, zuversichtlicher, optimistischer Mensch bin. Zuversicht macht resilient. Auch Glück gehört bekanntlich im Leben dazu und es kommt oft anders, als man denkt: Noch während meiner Freistellungsphase sprach mich ein Headhunter an. Nur sieben Monate später startete ich bei Fujitsu. Der etwas abgewetzte alte Surfer-Spruch hatte sich einmal mehr bewahrheitet: No risk, no fun.

Es ist tatsächlich so: Wenn man nichts wagt, erfährt man nie, ob es geklappt hätte. Das Leben zeigt, dass nur ganz selten etwas total schiefgeht. Es ist auf jeden Fall besser, etwas zu ändern, als unzufrieden im Status quo zu verharren.

Und: Es ist sehr hilfreich, sich als Führungskraft professionelle Hilfe zu holen. 2004, bei meinem ersten großen Karriereschritt, hatte ich gleich einen tollen Coach, Dorothee Echter, die mich mehrere Jahre lang unterstützt hat. Da ging es zum Beispiel darum, dass es gerade in gehobenen Managementpositionen andere Verhaltensweisen gibt, die man kennen sollte. Oder darum, wie sich Konflikte im Leitungsteam lösen lassen. Das hat mir sehr geholfen.

Nach meinem Ausscheiden bei Unify habe ich mich bewusst dafür entschieden, Themen aufzuarbeiten, die ich mit meiner Kündigung zurücklassen wollte. Ich suchte mir neurologische und psychotherapeutische Unterstützung und habe eine Biofeedback-Therapie gemacht. Dabei handelt es sich um Atemübungen, mit denen man die Herzfrequenz verlangsamt und zur Ruhe kommt.

Ich war damals hochgradig überdreht und sehr froh, dass mir jemand geholfen hat, die Geschwindigkeit herauszunehmen und gesund zu bleiben.

Lange Zeit habe ich geglaubt, ich könne alle Probleme allein lösen und schaffe es, mit sämtlichen Herausforderungen klarzukommen. Das ist falsch – und es ist auch nicht erstrebenswert.

MEIN IMPULS
WIR KÖNNEN ZUKUNFT – STANDFEST

Wir brauchen Mut zur Führung, um unsere Zukunft gut zu gestalten. Wer sich als Führungskraft positioniert, setzt sich ab von der Gemeinschaft und macht sich damit »einzigartig«. Eine Führungskraft trifft unbequeme Entscheidungen, oft entgegen den Erwartungen von Mitarbeitenden. Dennoch unterliegen Führungskräfte den gleichen psychologischen Grundbedürfnissen nach Bindung, Selbstbestimmung und Selbstachtung wie alle anderen. Der Coach Klaus Eidenschink verweist darauf, dass der Mensch sein Wohlbefinden über drei Bedürfnispaare steuert: Nähe und Distanz, Sicherheit und Freiheit sowie Einzigartigkeit und Zugehörigkeit. Zwischen diesen Antipoden schwanken wir fortwährend. Er nennt es Bedürfnisregulation.[69]

In einer Führungsposition ist es hilfreich, sich insbesondere mit den Bedürfnissen Einzigartigkeit und Zugehörigkeit zu befassen. Im Moment sehen wir in unserer Gesellschaft eine Art Gegenbewegung zur Einzigartigkeit: Viele Menschen wollen keine Führungskräfte mehr sein, sondern lieber einfach im Team arbeiten, nicht auffallen, keine

Verantwortung übernehmen und alles, was unangenehm ist, vermeiden. Vermutlich liegt das an den schlechten Vorbildern aus meiner Generation, die wahnsinnig viel gearbeitet und sich nur sehr wenig Freizeit gestattet hat. Wir haben uns zu stark über unseren Job definiert und die jungen Leute bewegen sich nun auf dem Gegenpol. Hinzu kommt, dass in von Unsicherheiten geprägten Zeiten Menschen ohnehin eher zusammenrücken als sich zu exponieren.

Dabei kann Einzigartigkeit sehr erfüllend sein. Als Managerin habe ich mich meinem Team zugehörig gefühlt, musste mich aber immer wieder dort hinausbewegen und oft allein Entscheidungen durchsetzen. Es gilt nicht nur, einen eigenen Führungsstil zu finden, Menschen anzuleiten und die eigenen Ziele durchzusetzen, sondern auch den Umgang mit Neid und Missgunst zu lernen. All das zahlt auf das Bedürfnis »Einzigartigkeit« ein. Die Kunst liegt in der Regulation, denn zugleich will sich jeder Mensch immer auch mit anderen verbunden fühlen und gemeinsam mit anderen sein. Es ist wichtig, auf die eigene Stimme zu hören und gut darauf zu achten, wo man sich gerade auf der großen Bandbreite zwischen Zugehörigkeit und Einzigartigkeit bewegt, und ob man sich dort wohlfühlt oder vielleicht Unterstützung braucht. Es gibt kein gut oder schlecht, falsch oder richtig: Jede und jeder muss einen eigenen Weg finden, um mit der Rolle als Führungskraft zurechtzukommen. Eine gute Unterstützung von außen ist dabei absolut empfehlenswert.

WER FÜHRT, MUSS MENSCHEN MÖGEN

*Eine gute Zukunft braucht
menschenzentrierte Führung.
Gute Führungskräfte sind sich
ihrer Verantwortung bewusst. Sie
entscheiden, delegieren und geben die
Richtung vor. Sie sind klar, berechenbar,
zuverlässig, kommunizieren gut und –
vertrauen. Für eine gute Führung
zählt nicht tiefes Fachwissen, sondern
ein guter, respektvoller Umgang mit
Menschen.*

Es klingt vielleicht ein bisschen abstrus, aber ich habe wahrscheinlich niemals so menschenzentriert geführt wie in den Zeiten der anspruchsvollen Restrukturierungen. Die klare Vorgabe lautete: Es müssen Stellen abgebaut und unter Berücksichtigung von Sozialplänen Aufhebungsverträge vereinbart werden. Mir war in solchen Situationen immer sehr bewusst, dass es nicht um eine bloße Zahl oder eine abstrakte Menge an Arbeitskräften geht, sondern um einzelne Menschen – nicht um Kennziffern, nicht um Sachen, nicht um Maschinen, sondern um Menschen, die als solche wahrzunehmen sind und die Wertschätzung und Respekt verdienen. Es waren die intensivsten, härtesten und anspruchsvollsten Gespräche in meinem Berufsleben.

Meine Gesprächspartnerinnen und Gesprächspartner waren in der Regel diejenigen, die in den Runden zuvor alle Lösungen abgelehnt hatten. Meine Aufgabe war es, einerseits die unternehmerischen Vorgaben zu erreichen, und andererseits die Beweggründe der Menschen zu verstehen, die sich vehement verweigerten, um anschließend mit einem Kompromiss zu einer guten Lösung zu kommen. Mir sind einige dieser Gespräche bis heute in Erinnerung. Ganz häufig war es so, dass die Personen einfach verbittert waren, weil im Vorfeld nie jemand ein persönliches Gespräch mit ihnen gesucht und ihre persönlichen Beweggründe angehört hatte. Sie waren überzeugt, dass niemand sie ernst nimmt und niemand auch nur versucht, sie zu verstehen. Genau das zu tun, ist menschenzentrierte Führung.

In einem Fall musste ich jemanden entlassen, der zuvor mal mein Chef gewesen war, mich gefördert und befördert hatte. Das war krass. Ich hatte bereits im Vorfeld geahnt, dass das irgendwann passieren könnte. Er war ein richtiger Sturkopf und feedbackresistent. Es kam, wie es kommen musste, irgendwann war es dann soweit, dass sich das Unternehmen von ihm trennen wollte, und ich musste dieses sehr schwierige Kündigungsgespräch führen. Ich habe im Laufe meines Berufslebens gelernt, in solchen Situationen nicht um den heißen Brei herumzureden, zu erklären und zu relativieren. Der Mensch, der so eine Botschaft bekommt, interessiert sich nicht für wortreiche Erklärungen, für ihn ist es hart und er ist manchmal sogar schockiert. Es geht darum, gemeinsam das Beste aus der Situation zu machen, und dafür zu sorgen, dass alle ihr Gesicht wahren können. Gerade in solchen zwischenmenschlich unangenehmen Situationen ist für nichts anderes Platz, als ein fairer Mensch zu sein.

Menschenzentrierte Führung bedeutet, den Menschen in den Mittelpunkt des eigenen Handelns zu stellen. Führungskräfte dürfen niemals vergessen, dass sie für und mit Menschen arbeiten. Dieses Bewusstsein sollte sie bei allem leiten, was sie planen, sagen und tun. Die menschenzentrierte Führung hängt eng mit der dienenden Führung zusammen: Wer führt, ist zuallererst den Menschen zu Diensten. Den Führungsansatz »Servant Leadership« oder »Dienende Führung« entwickelte Robert K. Greenleaf[70] in den 70er Jahren. Dieser Ansatz basiert auf der Idee, dass eine Führungskraft primär den Bedürfnissen der Mitarbeitenden, Kunden und der Gemeinschaft dient.

Natürlich bin ich als Führungskraft immer auch meinem Arbeitgeber und den Unternehmenszielen verpflichtet. Beides hängt zusammen: Ohne eine menschenzentrierte, dienende Perspektive kann ich auch wirtschaftlich kein dauerhaft gutes Ergebnis erzielen. Ein aktuelles wissenschaftliches Forschungsprojekt belegt, dass dieser Führungsstil auch den Führungskräften selbst zugutekommt: »Unsere Befunde zeigen, dass dienende Führungskräfte als effektiver, sympathischer und beförderungswürdiger wahrgenommen werden als direktive Führungskräfte. Somit profitieren Führungskräfte selbst auch davon, dienend zu führen«, schreiben die Wissenschaftlerinnen Anna Barthel und Claudia Buengeler im Personalmagazin.[71] Menschenzentrierte, dienende Führung ist kein Karrierehemmer, sondern hilft beim Aufstieg.

>> *Je höher eine Position im Unternehmen ist, desto besser sollte die Führungskraft im Umgang mit Menschen qualifiziert sein.* <<

Als Führungskraft habe ich mich immer mehr mit Menschen als mit Inhalten beschäftigt. Mich interessiert, Menschen in ihrer Verschiedenartigkeit zu erkennen und aus ihnen das jeweils beste Potenzial herauszuholen. Wenn ich Expertise in einem Fachgebiet gebraucht habe, habe ich sie mir im Unternehmen geholt. Das ist einfach. Der Unterschied, den eine Führungskraft machen kann, liegt im Umgang mit den Menschen. Klar: Eine gewisse Fachkenntnis ist Voraussetzung. Aber alles, was darüber hinaus an tieferem Fachwissen nötig ist, kann ich mir organisieren. Soziale Fähigkeiten sind bei der Auswahl von Spitzenführungskräfte wichtiger denn je, schreiben renommierte Managementforschende im Harvard Business Manager. Sie beschäftigten sich in einer breit angelegten Studie mit der Frage »Wie sieht der perfekte CEO aus?« und stellen im gleichnamigen Artikel fest: »In großen, komplexen und fachlich anspruchsvollen Unternehmen ... genügt es nicht, wenn sich CEOs und andere Verantwortungsträger auf operative Routineaufgaben beschränken. Einen großen Teil ihrer Zeit müssen sie auf die Interaktion mit anderen sowie auf koordinierende Aufgaben verwenden – und zwar indem sie Informationen kommunizieren, den Austausch von Ideen fördern, erfolgreiche Teams zusammenstellen und steuern sowie Probleme identifizieren und lösen.«[72]

Um als Führungskraft richtig gut zu sein, bedarf es einer Lust an Menschen, der Fähigkeit, sich mit ihnen auseinanderzusetzen, und einer großen Empathie. Je höher eine Position im Unternehmen ist, desto besser sollte die Führungskraft im Umgang mit Menschen qualifiziert sein.

Ich habe den Umgang mit anderen schon in der Kindheit durch die Erziehung meiner Eltern gelernt, sie haben die Grundlage geschaffen. Ich habe eine Art natürlicher Akzeptanz genossen, war erst Klassensprecherin, später Schulsprecherin, die Menschen haben sich gern hinter mir versammelt. Natürlich gibt es auch diejenigen, die das nicht gern tun. Ich bin nie jemandem böse gewesen, der nicht in meinem Umfeld arbeiten wollte, am besten ist, man klärt das vorher.

Menschenzentrierte Führung bedeutet, sich auf Menschen einlassen zu können. Das heißt auch, sich selbst als Person zurückzunehmen. Gerade in schwierigen Situationen ist das ein Balanceakt. Wer menschenzentriert führt, darf zudem nicht feige sein. Ich habe viele Führungskräfte erlebt, die sich hinter vermeintlich übergeordneten Vorgaben versteckt haben, frei nach dem Motto: *Ich würde so gerne anders entscheiden, aber die Strategie oder der CEO oder die Jahresziele geben mir keinen Spielraum.* Das ist eine billige Ausrede. Selbst wenn ich definierte Ziele erreichen muss, kann ich menschenzentriert entscheiden und kommunizieren. Das eine schließt das andere nicht aus.

>> *Wer eine gute Führungskraft sein will, braucht von Zeit zu Zeit auch Verliererkompetenz.* <<

Es ist auch eine große Mär, dass es in Restrukturierungsverhandlungen keinen Spielraum gibt. Im Rahmen der gesetzlichen und ethischen Vorschriften ist es immer möglich, vom Standard abzuweichen. In der Regel sind solche Abweichungen gar nicht nötig, weil von vornherein eine gute Standardlösung verhandelt wird. Damit lassen sich weit über 90 Prozent der Fälle gut abdecken. Es bleiben nur wenige Besonderheiten. Es gibt Personen, die zocken wollen, um das Maximum für sich herauszuholen. Die lassen sich schnell identifizieren. Und es gibt Menschen, die besonders hart von einer Restrukturierung betroffen sind. Für sie gibt es in einem Sozialplan einen Härtefalltopf, der die nötige Flexibilität schafft, um ihnen zu helfen. Wenn ich diese Abweichungen von Standard gut begründen konnte, habe ich solche Lösungen bei den Shareholdern immer durchsetzen können.

Führungskräfte in gehobenen Managementpositionen haben viel Gestaltungsspielraum. Man wird ja nicht mit einem Job beauftragt, den man nicht beherrscht, sondern bekommt aufgrund der eigenen Qualifikation Verantwortung für einen Bereich übertragen. Ich habe immer versucht, Dinge, die mir wichtig waren, durchzusetzen. Manchmal klappte das, manchmal nicht. Natürlich gibt es Menschen, die andere Interessen haben. Vielleicht wird man überstimmt. Dann hat man es aber versucht, muss seinen Frieden mit der Entscheidung machen und kann nach außen anschließend klar kommunizieren, warum es so ist, wie es ist. Wer eine gute Führungskraft sein will, braucht von Zeit zu Zeit auch Verliererkompetenz.

Feige Führungskräfte delegieren unangenehme Dinge. Oder sie legen eine extreme Härte an den Tag, um bloß nicht Gefahr zu laufen, dass ihnen eine Sache ans Herz geht. Und, ja, vieles geht einem ans Herz. Wenn mir eine Person gegenübersaß, die eine Familie zu ernähren hatte oder die vielleicht krank und verzweifelt war, hat mich das überhaupt nicht kalt gelassen. Das Gute ist, dass es eigentlich immer eine Lösung gibt. Sobald wir miteinander gesprochen und ich das Problem verstanden habe, konnten wir uns gemeinsam der Lösung widmen. Menschenzentrierte Führung ermöglicht beides: einen guten Umgang mit den Mitarbeitenden und das Erreichen von unternehmerischen Zielen.

>> *Wir sind nicht mehr im Mittelalter, in dem das Gros der Menschen ungebildet war. Heute sind die meisten Menschen für ihre Aufgaben sehr, sehr gut qualifiziert – sie wollen keine Hilfe in der Sache, sondern übergeordnete, richtungsweisende Entscheidungen.* <<

Wer sich für eine Position im Management entscheidet, muss sich darüber im Klaren sein: Führungskräfte werden nicht für angenehme Sachen bezahlt. Wir reden von sehr gut bezahlten, privilegierten Menschen. Wenn ich diese Annehmlichkeiten genießen will, dann muss ich die wenigen Situationen, in denen es große Unannehmlichkeiten gibt, als Schmerzensgeld mit einpreisen. Es ist nicht legitim, nur die Vorteile nutzen zu wollen und sich wegzuducken, wenn es wirklich darauf ankommt. Führung ist wie ein Vertrag: Sie wird nur gebraucht, wenn etwas nicht gut läuft. Menschen greifen immer dann auf Führung zurück, wenn sie eine Entscheidung benötigen, die sie woanders nicht bekommen, oder wenn sie sich nicht einigen können und große Spannungen auftreten. Den meisten reicht es schon, wenn sie wissen, dass sie eine Antwort oder vielleicht auch einfach nur die Gewissheit erhalten, dass sich die Führungskraft um ihr Problem kümmert.

Wir sind nicht mehr im Mittelalter, in dem das Gros der Menschen ungebildet war. Heute sind die meisten Menschen für ihre Aufgaben sehr, sehr gut qualifiziert – sie wollen keine Hilfe in der Sache, sondern übergeordnete, richtungsweisende und zeitnahe Entscheidungen. Ich habe oft erlebt, dass die Entscheidungsvorlagen meiner Mitarbeitenden so gut aufbereitet waren, das ich als Führungskraft nur noch ergänzen, vielleicht an der einen oder anderen Stelle korrigieren oder die Vorlage an die Direktiven aus Entscheidungskreisen angleichen musste.

Was Führungskräfte vorrangig leisten müssen: Sie müssen klare Entscheidungen treffen und die Verantwortung dafür übernehmen. Die Berechenbarkeit und Verlässlichkeit von Führungskräften und ihren Entscheidungen sind immens wichtig. Es gilt das Motto: »Sag, was du tust, und tu, was du sagst.« Es ist vielleicht das Allerwichtigste für das Team, dass die Führungskraft nicht sprunghaft ist, sondern zuverlässig und im positiven Sinne berechenbar.

Das gilt auch bei Restrukturierungen, von denen zahlreiche Mitarbeitende betroffen und bei denen viele Emotionen im Spiel sind, manchmal auch Pathos. Oft melden sich Politikerinnen und Politiker zu Wort, die Presse ist sowieso involviert. In solchen Fällen hängt viel davon ab, klar, gut und transparent zu kommunizieren. Als ich die Aufgabe hatte, den Entwicklungsstandort in Paderborn zu schließen, habe ich mich darauf konzentriert, sachlich zu kommunizieren. Nicht unfreundlich, sachlich. Das ist nicht bei allen gut angekommen, einige haben gedacht, ich würde mich von ihnen distanzieren und die Schließung einfach in aller Härte durchziehen. Ich war damals vermutlich die unbeliebteste Person in Paderborn. »Man darf Benutzeroberfläche und Agenda nicht verwechseln«, sagt der Deutschlandchef der US-Beratungsfirma

Heidrick & Struggles Nicolas von Rosty zum Thema Führen in schwierigen Zeiten. Im Moment einer Krise würden harte Sanierer gebraucht, die dennoch empathisch und ansprechbar wirken, viel stärker als früher seien »communication skills« gefragt.[73]

Es gab Netzwerkforen, in denen zutiefst beleidigend über mich geschrieben wurde. Das hat mich nicht beeinflusst, berührt aber schon. Es ist nicht schön, Dinge über sich zu lesen, die nicht stimmen und die man nicht widerlegen kann. In solchen Fällen ist es am besten, sich gar nicht zu äußern, insbesondere wenn die Vorwürfe anonym sind. Der damalige Pressesprecher und Kommunikationschef hat all die Einträge aufmerksam gelesen und mir geraten, mich nicht darüber aufzuregen. Schön war, dass es auch Leute gab, die dagegengehalten haben. Eine Zeitlang habe ich alles gelesen, dann aber damit aufgehört, weil es mich heruntergezogen hat. Was da geschrieben wurde, war von mir entkoppelt. Die Menschen kannten mich nicht einmal persönlich und haben sich ihren Frust von der Seele geschrieben.

Wer die Aufgabe hat, zu restrukturieren, muss so etwas aushalten können und sich schon im Vorfeld darüber bewusst sein, dass solche Vorfälle zum Job gehören. Trotzdem bleibt ein bitterer Beigeschmack.

Es ist in solchen Situationen unschätzbar wichtig, Kommunikationsexpertinnen und -experten an der Seite zu haben, die fachlich fit sind und mit Social Media und der Presse umgehen können. Auch das ist eine Frage von Führung und Steuerung: sich auf Fachleute zu verlassen und deren Vorgabe, Rat und Ideen eher umzusetzen als die eigenen. Ich habe deren Expertise immer respektiert und auf ihre Strategie vertraut. Mit dem Pressesprecher aus der Paderborner Zeit habe ich viele schwierige Situationen bewältigt, wir haben uns ideal ergänzt – und sind seitdem befreundet. Ein Coaching kann in solchen Situationen ebenfalls hilfreich sein. Wenn es ganz arg kommt, ist vielleicht auch eine psychologische Betreuung vonnöten.

Letzten Endes braucht es gerade für schwierige Führungsaufgaben eine gefestigte Persönlichkeit. Ich kann mich an keine Situation erinnern, in der es mir nichts ausgemacht hat, Menschen negative Nachrichten zu verkünden. Es ging mir in diesen Zeiten nie gut, die Situation hat mich sehr beschäftigt. Meine Strategie war es, zu abstrahieren und zu schauen, an welchen Stellen ich oder auch Menschen aus meinem Netzwerk etwas tun können, was die Sache besser macht. In Augsburg beispielsweise haben wir viele Unternehmen aktiviert, bei denen sich die Mitarbeitenden bewerben konnten. Auch die Zusammenarbeit mit der Leiterin der Arbeitsagentur und ihrem Team war von Anfang an gewährleistet und sehr hilfreich. Ein belastbares Netzwerk und gute Kontakte sind in solchen Situationen Gold wert. Ich glaube, insgesamt ist es auch typbedingt, wie Führungskräfte mit solchen Situationen klarkommen. Mir war es immer wichtig, die Menschen aktiv zu unterstützen und mein Bestes zu geben, damit sie die Situation so gut wie möglich meistern können. Das hat letztlich nicht nur ihnen, sondern auch mir geholfen.

Als Führungskraft ehrlich, glaubwürdig, berechenbar und klar zu sein, ist nicht nur für die Mitarbeitenden, sondern auch für die eigene Reputation essenziell wichtig. Ich hatte einmal einen Kollegen, der dem Betriebsrat aus Bequemlichkeit im großen Stil sehr großzügige Lösungen angeboten hat. Damit hat er es sich leicht gemacht. Klar: Reichlich abgefundene Mitarbeitende werden nicht klagen. Aber: Es waren die teuersten Sozialpläne meines ganzen Berufslebens. Ich fand das Vorgehen unternehmerisch falsch und ethisch höchst verwerflich, insbesondere mit Blick auf die Mitarbeitenden, die geblieben sind. Ich habe bei Restrukturierungen niemals eine Mogelpackung geboten, sondern von Anfang an klar kommuniziert, was passieren wird. Trotzdem haben mein Team und ich eine Schließung nicht einfach knüppelhart durchgezogen, sondern darauf geachtet, dass alle Beteiligten ihre Würde bewahren.

Verhandlungen sind immer eine Abwägungssache in beide Richtungen. Denn umgekehrt nützt es einem Unternehmen auch nichts, wenn zunächst zwar alle eigenen Ziele erfüllt sind, es im Nachgang aber hunderte Arbeitsrechtsklagen am Hals hat. Zumal von vornherein allen klar sein kann, dass ein Arbeitgeber vor einem deutschen Arbeitsgericht ohnehin lächerlich geringe Chancen hat, den Prozess zu gewinnen. Der indirekte und direkte Schaden, der aus schlechten Verhandlungen entsteht, ist um ein Vielfaches höher als der Nutzen aus der vermeintlichen Zielerreichung. Deshalb ist es im gehobenen Management absolut geboten, sich mit Projekten oder Aufgaben ganzheitlich zu beschäftigen. Ich habe mir in solchen Situationen immer vorgestellt, es sei mein eigenes Unternehmen. Die laxe »Ich bin ja hier nur angestellt«-Haltung ist aus meiner Sicht eines der größten internen Risiken für Unternehmen.

>> *Menschenzentrierte Führung heißt nicht, von allen gemocht zu werden. Sondern: nicht zu vergessen, dass man es mit Menschen zu tun hat.* <<

Menschenzentrierte Führung heißt nicht, von allen gemocht zu werden. Sondern: nicht zu vergessen, dass man es mit Menschen zu tun hat. Das Bedürfnis, gemocht zu werden, gehört in den Freundeskreis, in die Familie und andere Konstellationen. Es kann nicht sein, dass ich zur Arbeit gehe, um gemocht zu werden. Es ist schön, mit Menschen zu arbeiten, die ich mag und die mich mögen, aber es ist kein Ziel. Wer das will und braucht, sollte nicht in die Wirtschaft gehen und schon gar nicht in schwierige Branchen, in denen große Veränderungen stattfinden.

Hat eine Führungskraft eine Entscheidung getroffen, muss sie sich versichern, dass die Mitarbeitenden sie akzeptieren. Dies ist die Gelegenheit, all denen das Wort zu geben, die vielleicht zweifeln. Ich habe meine Entscheidungen immer erklärt, verteidigt und auch begründet, warum ich sie eventuellen Einwänden zum Trotz durchsetzen werde.

Eine beliebte Haltung von destruktiven Personen ist es, eine Entscheidung zwar zur Kenntnis zu nehmen, aber einfach so weiterzumachen wie bisher. Destruktive Menschen sind in einem Team das höchste Giftpotenzial. Ich habe solche Personen immer sofort adressiert. Dafür gibt es zwei Möglichkeiten: Entweder ich nehme sie mir einzeln beiseite und lasse mir erklären, was hinter diesem Verhalten steckt. Oder ich bringe vor der Gruppe deutlich zum Ausdruck, dass ich dieses Verhalten nicht akzeptiere.

Ein Konflikt muss immer offen angesprochen werden. Es geht nicht darum, sich an verschiedenen Meinungen abzuarbeiten, sondern darum, einen einmal eingeschlagenen Weg zu verfolgen. Wenn einzelne Personen das partout nicht wollen, kann es helfen, Mediatoren einzuschalten. Oder sich von ihnen zu trennen. In vielen Unternehmen herrscht der Irrglaube, sie könnten auf bestimmte Experten oder Expertinnen nicht verzichten. Ehrlich gesagt: Man kann auf jede Person verzichten, denn jede ist ersetzbar. Das galt auch in jeder meiner Führungspositionen für mich selbst. Mal ist es mehr und mal ist es weniger Aufwand, jemanden zu ersetzen. Ich habe mehrfach destruktive Menschen aus Teams herausgeholt und das letztlich auch arbeitsrechtlich durchgefochten. Meist waren es einzelne Personen. Es kann nicht sein, dass sich Teams von einer Person tyrannisieren lassen.

Häufig stören diese Menschen aus Gewohnheit oder einfach, weil sie bisher mit dieser Masche gut durchgekommen sind. Es gibt viele Menschen mit starken narzisstischen oder anderen

Persönlichkeitsstörungen, die gern in die Rolle des genialen, unverzichtbaren Menschen verfallen. Die sind in der Führung eine echt große Herausforderung. Es gibt aber auch diejenigen, die einfach nur total enttäuscht und frustriert sind, weil sie sich nicht gesehen oder nicht gehört fühlen. Am Ende geht es bei destruktivem Verhalten immer entweder um eine überbordende Selbstüberschätzung oder um mangelnde Wertschätzung. Nun ist ein Unternehmen keine therapeutische Einrichtung, um persönliche Störungen zu bearbeiten. Ich finde es aber wichtig, dass Führungskräfte gut genug ausgebildet sind, um insbesondere destruktive Gruppendynamiken zu erkennen.

Wer als Führungskraft zugewandt ist und ehrliches Interesse zeigt, läuft Gefahr, von psychisch labilen Mitarbeitenden vereinnahmt zu werden. Solche Mitarbeitende kommen mit persönlichen Problemen und unversehens findet man sich als Führungskraft in einer Rolle wieder, die nicht passt. Es ist wichtig, solche Entwicklungen frühzeitig zu erkennen und dem Gegenüber klarzumachen, dass man kein Psychologe oder keine Psychotherapeutin ist. Führungskräfte müssen diese Grenze setzen, es geht darum, Distanz und Nähe auszutarieren. Ich habe mich in neuen Positionen immer auch als private Person vorgestellt, damit die Teams ein bisschen besser einschätzen konnten, mit wem sie es zu tun haben. Und ich habe mich auch immer dafür interessiert, von ihnen etwas zu erfahren, was ja auch fürs Teambuilding wichtig ist. Das heißt aber nicht, dass ich deswegen allen sehr nahe war. Unternehmen sind kein Familienersatz und auch kein Ersatz für Freundschaften. Ein gutes Team ist ein gutes Team. Nicht mehr und nicht weniger.

Der Soziologe Stefan Kühl argumentiert, eine klare Trennung zwischen beruflicher Rolle und persönlicher Identität in Organisationen sei für beide Seiten vorteilhaft. Sie trage dazu bei, sowohl die organisatorische Effizienz als auch die persönliche Autonomie der Mitarbeitenden zu schützen. »Gruppen entstehen organisch –

über Teams wird entschieden«, schreibt er, und wer »Teams zu Freundesgruppen erhebt, ohne den Mitgliedern zu ermöglichen, was für Gruppen üblich ist (nämlich die Kontakte selbst auszuwählen), nimmt Überforderung der Mitglieder in Kauf und verhält sich ihnen gegenüber übergriffig.«[74]

>> *Es braucht einen viel stärkeren Team-Ansatz, um den Wandel zu gestalten und zugleich stabil zu bleiben.* <<

Auch wenn ein Team eben nicht Familie oder Freundeskreis ist, gilt dennoch: Wir müssen in den Unternehmen zu einer »neuen Balance zwischen Ich und Wir kommen«.[75] Statt zu fragen: *Was ist gut für mich?*, sollte die Frage lauten: *Was ist gut für mich und die Gemeinschaft?* Japanische Unternehmen folgen dieser Philosophie viel stärker als wir in Europa oder in den USA. In Japan wird eine konsensorientierte und auf das Wohl der Gemeinschaft ausgerichtete Führungskultur gepflegt. Die Personen nehmen sich zurück. Das hat mir sehr gut gefallen, weil es meinem Wertesystem nahekommt. Allerdings schlägt sich diese Haltung in der Geschwindigkeit nieder – die Langsamkeit, Zurückhaltung und dieses Nicht-schnell-entscheiden-Wollen fand ich auf Dauer anstrengend.

Ganz im Gegensatz dazu herrscht in US-Unternehmen eine hohe Geschwindigkeit; dort bekam ich Verantwortung übertragen und konnte über weitreichende Chancen und Risiken selbst bestimmen. Es wurde eine klare Führung praktiziert, bei der ich immer wusste, woran ich war. Erstaunt hat mich die

Kürze. Die wichtigsten Informationen mussten kurz und knapp kommuniziert werden. Das war eine schwierige Übung für mich. Umfangreiche, gründliche Analysen, wie ich sie von Siemens gewohnt war, waren dort nicht gefragt. Das Wichtigste kam zuerst. Über Dinge, die gut liefen, wurde gar nicht gesprochen, denn das wurde erwartet und nicht diskutiert. Bei Siemens war die Reihenfolge umgekehrt. Im US-Unternehmen musste ich aus dem Stand einen kompletten Überblick über meinen konkreten Impact liefern können. Meine Rolle und Verantwortung waren klar definiert und mein Einfluss und Erfolg in Zahlen messbar. Die Führungskräfte in US-Unternehmen sind schon deshalb am Erfolg des Unternehmens interessiert, weil sie von ihm profitieren. Sie sind ergebnisorientiert und haben wenig Verständnis für Querelen.

Da wir in einer Zeit leben, in der wir etliche große Veränderungen bewältigen müssen, ist in Deutschland eine andere Art der Führung als bisher erforderlich. Ich glaube, dass wir in puncto Führungskultur eher von Japan als von den USA lernen können: Es braucht einen viel stärkeren Team-Ansatz, um den Wandel zu gestalten und zugleich stabil zu bleiben. Es braucht außerdem mehr Unterstützung aus anderen Disziplinen, zum Beispiel aus der Psychologie und von gut ausgebildeten Coaches.

Gerade in großen Unternehmen erfordern radikale Veränderungen zunächst einmal eine Prüfung, welche Personen mit welchen Fähigkeiten an welcher Stelle tatsächlich benötigt werden. Wenn Unternehmen nur mit den Personen, die schon lange an ihrem Platz sitzen, Führung neu organisieren, dann vertagen sie das Problem bloß in die Zukunft.

Sinnvoller ist es, gut zu überlegen, wen und welche Fähigkeiten das Unternehmen an welcher Stelle braucht, um die anstehenden Aufgaben am besten lösen zu können, und anschließend zu prüfen, ob sich die erforderlichen Fähigkeiten im vorhandenen Führungsteam finden. Die Methode nennt sich Management

Appraisal. Dank ihr lassen sich Personen nach einer strikten Logik und Struktur von ihrer bisherigen Position in eine neue bringen. Gemeinsam als Team schaut man sich jede Führungsperson individuell mit Blick auf ihre Fähigkeiten an und setzt sie dann dort ein, wo sie am meisten Nutzen stiftet. Wenn jemand zum Beispiel bislang im Vertrieb arbeitet, aber Fähigkeiten mitbringt, die gerade im Personalwesen stark nachgefragt sind, dann sollte er oder sie dorthin wechseln. Ich habe ein solches Procedere einmal bei Siemens mitgemacht – es war genial und hat mir die Augen dafür geöffnet, wie sich ein Change-Prozess fundiert und mit einer enorm hohen Treffergenauigkeit vollziehen lässt.

In vielen Unternehmen fehlt dafür allerdings ein solides Kompetenzmanagement, also ein Überblick über die Kompetenzen, Fähigkeiten und Fertigkeiten aller Mitarbeitenden. Dabei lassen sich dadurch wertvolle Ressourcen heben. Das gilt auch für unsere Gesellschaft: Es wäre sinnvoll, wenn wir besser identifizieren, welche Kompetenzen wir für die Gestaltung einer guten Zukunft brauchen, wo sie schon vorhanden sind und wie wir sie fördern können.

Weil während eines Management Appraisal Entscheidungen innerhalb einer Gruppe fallen, ist schnell klar, ob sie tragfähig sind oder nicht: Wenn die Gruppe mit einer Entscheidung einverstanden ist, dann ist diese meistens die richtige. Es lohnt sich, für so einen Prozess Personen von außen einzubeziehen, entweder jemanden aus einem anderen Team, aus einer anderen Abteilung oder aus einer externen Beratung. Diese Methode hat mir damals offenbart, wie vorurteilsbehaftet ich eigentlich war, weil wir innerhalb des Teams immer im eigenen Saft schmorten. Ich habe oft gedacht: *Was ist denn das für ein komplett abstruser Vorschlag?* Aber diese Vorschläge kamen von schlauen Menschen und sie waren es immer wert, bedacht zu werden und in vielen Fälle auch umzusetzen. Mit solchen internen Veränderungsprozessen lässt sich sehr viel Potenzial heben.

Um Veränderungen gut zu meistern, brauchen Unternehmen eine gute Mischung aus vorhandener Expertise und neuem Input. Es ist auf keinen Fall so, dass umfassend neue Menschen von außen geholt werden müssen. Oft ist es schon gut, Kolleginnen und Kollegen aus anderen Unternehmensbereichen hinzuziehen. Eine gute Bewegung im Team zu haben, ist immer sinnvoll. Gerade in Zeiten, in denen sich viel verändert, kann es nicht sein, dass Teams statisch bleiben – es braucht Bewegung.

Das heißt auch, Menschen ziehen lassen zu können. Oft haben Mitarbeitende mit mir das Gespräch gesucht, um mich darauf vorzubereiten, dass sie kündigen wollen; manchmal auch, um meine Einschätzung zu hören. Wenn ich gemerkt habe, dass sie tatsächlich wechseln möchten, habe ich immer nach dem bekannten Satz gehandelt, dass sich Reisende nicht aufhalten lassen. Also habe ich mich immer im Guten von Mitarbeitenden getrennt. Es gab ein paar Fälle, in denen sich Menschen absolut unterirdisch benommen haben; das hat mich wirklich persönlich getroffen. Trotzdem habe ich mich immer professionell verhalten und alle, die gehen wollten, herzlich verabschiedet. Auch bei Kündigungen gilt: Es handelt sich um ein Arbeitsumfeld, ich darf es nicht persönlich nehmen, wenn jemand geht – zumal niemals ausgeschlossen ist, dass er oder sie später ins Unternehmen zurückkehrt.

>> *Menschen haben keine Angst vor Veränderungen. Sie haben Angst davor, nicht zu wissen, was diese Veränderungen für sie bedeuten.* <<

Führungskräfte haben im Moment nicht nur mit der wirtschaftlichen Transformation zu tun: Die ganze Arbeitswelt ist seit der Coronapandemie in Bewegung. Das wirkt sich auf Führung aus. Heute ist die hybride Führung an der Tagesordnung. Da zeigt sich, wie stark Führungskräfte mit ihrem Team verbunden sind. Hybride Führung ist wahrscheinlich Führung in ihrer reinsten Form, denn sie erfordert es, sich sehr stark mit den einzelnen Menschen zu beschäftigen. »Beziehungsarbeit wird zur Daueraufgabe«, schrieben Judith Muster und Lars Gaede anlässlich ihrer Studie »Wie jetzt führen? Warum mobile Arbeit Führung neu formt« im Jahr 2022 zum hybriden Arbeiten.[76] In den Lockdown-Zeiten, als alle nur komplett remote über Video und Audio führen konnten, hat sich sehr schnell herausgestellt, wer eine gute Beziehung zu seinen Mitarbeitenden pflegt – und wer ihnen traut und wer nicht.

Führung spaltet sich an dieser Stelle in Kontrolle und Controlling: Wer nicht vertraut, der kontrolliert, dass die Leute x Stunden arbeiten und an ihrem Schreibtisch sitzen. Controller hingegen überprüfen, ob das Ergebnis der Arbeit stimmt.

Das hat auch etwas mit Loslassen zu tun. Ich habe noch nie verstanden, warum es manchen Menschen aus Prinzip darum geht, dass andere genauso arbeiten, wie sie es sich vorstellen. Ich habe auch nie verstanden, wie man mit Menschen zusammenarbeiten kann, ohne ein Grundvertrauen zu haben. Wird mein Vertrauen missbraucht, dann schalte ich vom Controlling in die Kontrolle. Aber eben erst dann. Denn ich kann ja nicht den größeren Teil einer Gruppe, der komplett verantwortungsvoll und autark gut arbeitet, dafür sanktionieren, dass es ein paar wenige Menschen gibt, die das System ausnutzen.

Laut der Deloitte-Studie »2024 Global Human Capital Trends« spielt Vertrauen in der »wechselseitigen Abhängigkeit von Geschäftszielen und dem Wohlbefinden der Mitarbeitenden eine fundamentale Rolle ... Eine Vielzahl an Tätigkeiten ist nicht mehr auf den vorgegebenen Arbeitstakt ausgerichtet, da diese Aufgaben von Technik und KI erledigt werden können. Vor diesem Hintergrund ist es notwendig, organisatorische und mentale Freiräume zu schaffen, um menschliche Fähigkeiten zu trainieren und Mitarbeitenden mehr Einfluss auf die Gestaltung der Arbeitsergebnisse zu geben.«[77] Viele Unternehmen sperren sich noch gegen den von Pandemie und Technologie beschleunigten Wandel der Arbeitswelt. Gerade stark männerdominierte traditionelle Old-School-Unternehmen sind für die neuen Herausforderungen schlecht aufgestellt, weil sie immer noch einer alten Führungskultur anhängen. Sie müssten deutlich ehrlicher und transparenter mit den anstehenden Veränderungen umgehen. Statt so zu tun, als ob alles easy, cool und in gewohnter Ordnung ist, und sich rein auf die vielleicht derzeit noch positiven Zahlen zu fokussieren, sollten sie klar kommunizieren, dass Veränderungen anstehen. Nur so schaffen sie die notwendige Resilienz und Stärke, um gut durch die Transformation zu kommen – und nur, wer ehrlich ist, macht das Unternehmen belastbar. Menschen haben keine Angst vor Veränderungen. Sie haben Angst davor, nicht zu wissen, was diese Veränderungen für sie bedeuten.

>> *Ein Führungsteam sollte von den Kompetenzen her so vielfältig wie möglich aufgestellt sein. Nur in einem Punkt muss mehr als 90 Prozent Konsens herrschen: wie man Menschen führen und mit ihnen umgehen möchte.* <<

Ich stand immer wieder vor der Aufgabe, meine Haltung zu Führung so zu kommunizieren, dass sie auch tatsächlich verständlich ist und bei allen ankommt. Ich mag keine hochtrabenden Visionen und ambitionierten Mission Statements. Papier ist geduldig. Oftmals sind die Missionen von Unternehmen viel zu theoretisch. Wenn Firmen plötzlich viel Zeit und Energie in solche Dinge stecken, stellt sich im Rückblick oft heraus, dass etwas massiv schiefgelaufen ist. Häufig dient diese Form der Selbstbeschäftigung dazu, zu beruhigen, zuzudecken und abzulenken. Ich bin überzeugt, dass Vorleben und Erleben zehntausendmal wichtiger ist als alles andere.

Die Vorbildfunktion ist ein wichtiger Bestandteil der »Transformationalen Führung«, einem Führungsstil, der insbesondere bei der jüngeren Generation zunehmend an Bedeutung gewinnt. »Transformationale Führung ist die Fähigkeit von Führungskräften, ihre Vorbildfunktion überzeugend wahrzunehmen und dadurch Vertrauen, Respekt, Wertschätzung und Loyalität zu erwerben«, schreibt der Wissenschaftler Waldemar Pelz[78]. Der Interim Manager Siegfried Lettmann konkretisiert in einem Beitrag zur Transformationalen Führung: »Die Führungskräfte gehen mit einer Vision voran und motivieren die Belegschaft durch Inspiration, durch Sinngebung und – ganz wichtig – durch ihre Vorbildwirkung. Das Vorleben der Werte ist enorm wichtig. Werte sind ein wichtiger Ankerpunkt, doch einen Wertewandel kann man nicht vorschreiben. Durch das Vorbild werden Werte beobachtbar und damit replizierbar.«[79]

Das Erleben und Vorleben von Werten ist umso schwieriger, je weiter eine Führungskraft von den Mitarbeitenden entfernt ist: In einer meiner Managementpositionen trennten mich sieben Hierarchieebenen von den Menschen in der Produktion; insgesamt waren wir rund 2000. Wenn alle 2000 von einer guten Führung profitieren sollen, dann kann man die Botschaften nur ganz rational durch die einzelnen Ebenen tragen. Es beginnt beim direkten Führungsteam. Ich habe immer sehr genau darauf geachtet, wer welche persönlichen Fähigkeiten mitbringt, und mir das Team so zusammengebaut, dass alle Bereiche, die ich selbst nicht beherrsche, gut vertreten sind. Ein solches Team sollte von den Kompetenzen her so vielfältig wie möglich aufgestellt sein. Nur in einem Punkt muss mehr als 90 Prozent Konsens herrschen: wie man Menschen führen und mit ihnen umgehen möchte. Wenn sich in dem direkten Führungsteam jemand gegen diesen Konsens gestellt hat, habe ich mich von ihm getrennt. Denn Führung wird vorgelebt. Das Führungsteam führt wiederum Führungskräfte, die ihrerseits das Verständnis von Führung in ihre Abteilungen tragen und so geht es von Team zu Team, bis alle erreicht sind.

Um zu überprüfen, ob das Führungsbild im Unternehmen überall gelebt wird, habe ich die Kaskade von Zeit zu Zeit durchbrochen. Ich arbeite nicht nach dem Stille-Post-Prinzip, sondern habe das direkte Gespräch mit Mitarbeitenden aus allen Abteilungen gesucht, mich gern mal zu Gruppenbesprechungen in allen möglichen Abteilungen angemeldet und war selbstverständlich bei den Betriebsversammlungen dabei. Es ist auch gut, einfach mal kreuz und quer durchs Unternehmen zu laufen und mit den Menschen direkt zu reden. Dabei lässt sich schnell überprüfen, ob es Unstimmigkeiten gibt. Wann immer mir Spannungen aufgefallen sind, habe ich schnell eingegriffen. Führungsqualität beweist sich in der Fähigkeit, zuzuhören, zügig Entscheidungen zu treffen, zu schlichten, zu moderieren, zu vermitteln.

Zu Beginn der Lieferkettenprobleme hatten wir zum Beispiel fast ein ganzes Jahr lang eine Taskforce, bei deren Meetings ich einmal in der Woche persönlich dabei war. Dort herrschten Misstrauen, Ärger und Schuldzuweisungen, wer für welche Misere aktuell verantwortlich ist. Meine Aufgabe bestand darin, zuzuhören und die entscheidenden Fragen zu stellen: *Was brauchen wir, um überhaupt liefern zu können? Wer übernimmt welche Rolle? Wie wollen wir uns organisieren?* In solchen kritischen Phasen habe ich immer denjenigen eine Bühne gegeben, die den größten Einfluss auf eine gute Lösung des Problems hatten – nicht denen, die am lautesten waren. Ich habe meine Autorität genutzt, um diese Menschen temporär zum »Meister der Zeremonie« zu erklären, und ganz klar kommuniziert: *Wenn dieser Mensch sagt, dass etwas passt, dann passt das.* Und wenn er sagt: *Etwas passt nicht, dann passt es nicht.* In manchen Situationen kann nicht jede und jeder mitreden.

Dennoch sind gerade in schwierigen Zeiten die gemeinsame Ambition und der Glaube daran, dass die Herausforderung im Team zu meistern ist, unglaublich wichtig. Meine Botschaft lautete: *An uns liegt es. Wir haben die Macht. Hier ist das Zentrum. Wenn wir uns einig sind, können wir etwas bewegen.* Ohne Zusammenhalt, Kooperation, die Bündelung von Kräften sind Krisensituationen nicht gut zu bewältigen. Es geht nur im und mit dem Team. Dank dieser Haltung haben wir manche Chefs, die im Vorfeld nicht geglaubt hatten, dass wir unsere Ziele erreichen oder schwierige Situationen stabilisieren können, positiv überrascht. Es gab Fälle, in denen zum Beispiel der Betriebsrat keine Überstunden genehmigen wollte. Da hilft es, über die Konsequenzen zu sprechen, um die Menschen zu überzeugen: Ohne Überstunden und Samstagsschichten hätten wir einige Kunden nicht beliefern können, in der Folge hätten die Kunden Aufträge storniert und das wiederum hätte zu Auswirkungen auf die Mitarbeitenden geführt. Das Schöne an der Betriebswirtschaft sind die logischen Ketten – die liefern unbestechliche Argumente.

Wenn etwas schier Unmögliches geschafft ist, ist das ein schönes Gefühl für alle und muss auch gefeiert werden. Führung bedeutet nicht nur, darauf zu achten, dass alles richtig läuft, sondern eben auch, zu feiern, wenn etwas richtig gut gelaufen ist und ein Ziel gemeinsam erreicht wurde. Und dabei auch einzelne Menschen oder die Gemeinschaft ins Licht zu heben. Gerade in schwierigen Zeiten ist es wichtig, Leistungen uneingeschränkt anzuerkennen. In vielen Konzernen wird auf die kontinuierliche Verbesserung gesetzt, weshalb eigentlich immer die Schwächen im Fokus stehen.

Dabei wird unterschätzt, wie stark eine anerkennende Wortwahl motivieren kann. Auch mich selbst hat immer am stärksten motiviert, wenn wir als Team etwas erreicht haben und ich dafür eine gewisse Form von Anerkennung von Menschen bekommen habe, die mir wichtig waren. Das mussten keine ausschweifenden Lobreden, das konnten auch nur ein paar Worte sein. Im Führen von Menschen ist Anerkennung ein ganz wichtiges Element.

»Zu den wichtigsten Eigenschaften einer Führungskraft zählt ... die Fähigkeit zur Selbstreflexion. Um andere Menschen gut führen zu können, muss man sich als Chef selbst führen können und über die eigenen Vorurteile und Schwachstellen Bescheid wissen. Immer wieder ist der Blick in den Spiegel nötig, um zu erkennen: Verhältnisse verursachen Verhalten. Alles, was ich tue, wirkt sich darauf aus, wie Mitarbeitende reagieren und agieren«, schreibt der Manager Oliver Sowa in einem Gastkommentar.[80] Schon deshalb sollte es für jede Führungskraft dazugehören, sich der Begutachtung zu stellen. Je differenzierter, desto besser. Am hilfreichsten ist eine mehrschichtige Beurteilung, also sowohl von denjenigen, die für einen arbeiten, als auch von denjenigen, für die man arbeitet. Ich habe zuletzt auch Führungskräfte geführt und viele Workshops mit ihnen gemacht. Wir haben zum Beispiel Formate wie den »Heißen Stuhl« veranstaltet, bei dem über eine Führungskraft und ihre Fähigkeiten gesprochen wird, ohne dass sie selbst sich äußern darf. Das hilft, neben der eigenen Wahrnehmung auch die Fremdwahrnehmung kennenzulernen. Auch Supervision ist ein gutes Mittel.

Für eine Bewertung von Führungskräften durch die Mitarbeitenden braucht es allerdings eine Umgebung, in der die Menschen sich trauen, etwas zu sagen. Wichtig ist außerdem, dass die Evaluation keine Alibiveranstaltung ist, sondern Konsequenzen hat. Irgendetwas kommt bei den Feedbacks immer heraus und das hilft dabei, sich zu verbessern. Für mich war es immer wichtig zu verstehen, wo ich bei denjenigen stehe, mit denen ich zusammenarbeite.

Dafür musste ich mir sowohl die unangenehmen als auch die angenehmen Sachen anhören können. Das ist nur eine der schönen Seiten des Führens: Man lernt nicht nur viel über andere, sondern auch über sich selbst.

MEIN IMPULS
WIR KÖNNEN ZUKUNFT – EINANDER ZUGEWANDT

Wir brauchen eine menschenzentrierte Führung, um unsere Zukunft gut zu gestalten. Es gibt einen ganzen Blumenstrauß an Methoden aus allen möglichen Wissensgebieten, die dabei unterstützen, sich als Führungskraft weiterzuentwickeln und sich zukunftsfit zu machen. Denn es steht fest: Führung wird sich mit der neu ins Arbeitsleben eintretenden Generation verändern. Die jungen Menschen adressieren ihre Ansprüche und Erwartungen viel klarer, früher und konsequenter, als wir Älteren das getan haben. Es heißt immer, dass die Jungen keine Führung mehr wollen. Ich würde eher sagen: Sie wollen die Art der Führung nicht, die sie bisher kennengelernt haben. Warum also entwickeln wir nicht Ideen und schauen uns an, ob eine andere Form der Führung und des Zusammenarbeitens adäquater ist für die Herausforderungen, die sich heute stellen?

Das, was früher gepasst hat, muss nicht das sein, was für die nächste Generation passt. Zu glauben, wir seien allwissend und das Schema F würde nun für alle Zeiten als gut gelten, ist bequem und auch selbstherrlich. Stattdessen müssen wir uns immer wieder mit den veränderten Situationen, Erwartungen und Herausforderungen auseinandersetzen, die die Zeit mit sich bringt, und analysieren, welche notwendigen Veränderungen sie in allen Unternehmensfunktionen nach sich ziehen.

Und die sind in manchen Punkten innerhalb der Generationen gar nicht so unterschiedlich, wie vielleicht angenommen: Die Beratungsfirma Egon Zehnder hat gemeinsam mit Kearney die Studie »Different Generation. Same Ideals«[81] aufgelegt, ihr Resümee: »Die Ansprüche von Arbeitnehmer:innen an Führung jedenfalls haben mit dem Alter nichts zu tun.« Der Studie zufolge wünscht sich die Mehrheit aller Generationen von Führungskräften, dass sie Anforderungen klar formulieren und Entscheidungen nachvollziehbar machen; dass sie anderen aufmerksam zuhören und Nahbarkeit vermitteln; dass sie eine kollaborative, offene Arbeitsatmosphäre ermöglichen, und dass sie Kreativität fördern und Freiräume schaffen. »Unterm Strich stellen wir fest, dass alle Generationen sich vor allem eines wünschen«, kommentiert Dirk Mundorf, Berater in der deutschen HR-Praxisgruppe von Egon Zehnder: »Sie wollen Führungspersönlichkeiten, die sich ihnen und anderen gegenüber menschlich verhalten.«[82]

Womit wir wieder bei der menschenzentrierten Führung wären. Darum noch einmal: Führung funktioniert nur dann gut, wenn man sich seiner Verantwortung für die Menschen bewusst ist. Und man sollte nie vergessen, dass eine Führungsposition eine zeitlich begrenzte, verliehene Verantwortung ist.

ALTERN IST BIOLOGISCH

Eine gute Zukunft braucht jede Generation. Das Leben endet nicht mit dem Renteneintrittsalter, es verändert sich lediglich. Mit Glück und Gesundheit warten noch Jahrzehnte, in denen wir unsere Erfahrung, Fähigkeiten und Kompetenzen zum Wohl der Gemeinschaft einsetzen können. Noch nie waren Menschen älterer Generationen in einer so guten Ausgangssituation wie heute.

Im Grunde genommen habe ich mir schon kurz nach meiner Ausbildung überlegt, dass ich nicht bis zum offiziellen Renteneintrittsalter in einem Angestelltenverhältnis arbeiten möchte. Damals in den 80er Jahren ging die Berufswahl holterdiepolter. Ich hatte nicht viel Luft zum Atmen und bin direkt nach dem Abitur mit 19 Jahren ins Berufsleben gestartet. Damit habe ich vier, fünf Berufsjahre mehr auf der Uhr als Gleichaltrige, die studiert haben. Diese Jahre hole ich mir jetzt zurück, das war von vornherein mein Plan. Um mir diese Freiheit zu ermöglichen, habe ich mich früh ums Sparen und Vorsorgen gekümmert. Ich empfehle allen, eine Simulation zu entwerfen und regelmäßig zu überprüfen, wie das eigene Leben später einmal aussehen soll. Ob diese Simulation jemals eintritt, sei mal dahingestellt.

Bei den Restrukturierungen bin ich oft Leuten begegnet, deren Welt mit dem Arbeitsplatzverlust zusammenbrach. Sie hatten keinen Plan B. Es gab nur sehr wenige, die mit der Situation konstruktiv umgehen konnten, weil sie schon mal über so ein Szenario nachgedacht hatten. Dabei sind Beamtinnen und Beamte die einzige Berufsgruppe in unserem System, die auf eine lebenslang sichere Anstellung bauen können, sofern sie sich nichts zuschulden kommen lassen. Alle anderen sind externen Veränderungen ausgesetzt. Deshalb wundert es mich, dass sich so viele Menschen keine Gedanken über ihr Leben im Falle einer von außen angestoßenen beruflichen Veränderung oder eines Jobverlusts machen. Und noch viel mehr wundert es mich, dass viele Menschen ihren Berufsausstieg nicht planen. Alle wissen doch, dass dieser Zeitpunkt irgendwann kommt. Warum ist es so schwierig, ab einem gewissen Alter zu überlegen, wie es nach dem Erwerbsleben weitergehen soll? Das Handelsblatt schreibt zum Thema »Richtig Aussteigen«: »... der häufigste Grund, den Abgang im richtigen Moment zu verpassen, ist nicht die Gier nach noch mehr Geld – sondern die uneingestandene Angst vor dem schwarzen Loch danach. ›Wer aussteigt, hat einen Plan B oder glaubt, dass er einen kriegen kann‹, sagt der Führungskräfteberater Klaus Doppler. ›Die anderen sind die, die sich für unersetzlich halten‹«.[83] Mein Ziel war es immer, das Ende meines Angestelltendaseins selbst zu bestimmen. Den eigentlichen Anstoß zum Ausstieg gab die Pandemie. In dieser Zeit veränderte sich meine Sicht auf die Dinge. Mir wurde plötzlich bewusst, dass die Kraft, die ich für meine Arbeit aufwandte, in keinem Verhältnis mehr zum daraus resultierenden persönlichen Gewinn stand.

Das schreibt sich so einfach dahin, war aber das Ergebnis eines längeren Prozesses und für mich eine sehr wichtige Erkenntnis. Diese Erkenntnis basierte auf einer gründlichen Analyse. Dafür hatte ich, ähnlich wie bei beruflichen Aufgabenstellungen, erst einmal die Fakten gecheckt: Die Resultate einer ärztlichen Untersuchung. Das Feedback meiner Familie. Stimmen meiner Freundinnen und Freunde. Und schließlich meine Selbstbeobachtung. Ich stellte körperliche Veränderungen an mir fest, zwar nicht gravierend, aber spürbar. Ich habe beispielsweise von Kindheit an immer gern und gut geschlafen. Das war mir verlorengegangen, was ich aber nicht weiter ernst genommen hatte. Verschiedene andere Dinge hatten sich eingeschliffen, etwa schlechte Essgewohnheiten oder zu wenig Bewegung. *Wenn Sie Ihren Körper so managen würden wie Ihre Arbeit, dann könnte Ihnen nichts passieren,* tadelte mich damals mein Hausarzt. Dieser Satz bleibt mir wahrscheinlich auf ewig in Erinnerung.

Es war für mich schwierig zu akzeptieren, dass ich älter werde und dass sich meine Gesundheit verändert. Das fing eigentlich schon viel früher mit den Wechseljahrbeschwerden an, aber die habe ich weggemanagt. Während der Pandemie, im Jahr 2020, wurde meine Gallenblase entfernt. Vorher hatte ich mich lange mit den Schmerzen arrangiert und wollte eigentlich auch die wegmanagen. Das war im wahrsten Sinne krank, und führte auch zu einem Moment, in dem ich gedacht habe: So geht das nicht. Mir wurde klar, dass ich jahrelang über meine Kräfte gelebt hatte. Solange man einigermaßen gesund ist, geht das. Es kommt aber ein Zeitpunkt, an dem eine Standortbestimmung sinnvoll ist – ganz bestimmt und dringlichst dann, wenn man sich sehr unwohl fühlt und nicht genau weiß, warum. Mir sollte diese Standortbestimmung zeigen, ob ich noch in Balance bin – ich war es nicht. Also habe ich begonnen, mich mit dem Älterwerden zu beschäftigen und damit mit dem Abschied von einem Leben, mit dem ich sehr viele Jahrzehnte glücklich war.

>> *Mein Rat: ehrlich zu sich selbst zu sein. Und sich zu überlegen, wie man mit dem Leben nach dem Job umgehen will. Dieser Prozess kann lange dauern und muss nicht jetzt und gleich passieren. Aber es wäre auf jeden Fall gut, wenn ihn nicht ein Arbeitsplatzverlust oder eine schwere Erkrankung auslöst.* <<

Erst einmal geht es bei der Standortbestimmung nur darum, weitgehend ehrlich mit sich selbst zu sein. Das hat nichts mit allen anderen Einflussfaktoren zu tun und ist mir fast am schwersten gefallen: ehrlich zu mir selbst zu sein. Obwohl ich das eigentlich gut kann. Diesmal aber musste ich mir eingestehen, dass ich rückblickend über meine Kräfte gelebt hatte, dass meine Werte besser sein könnten, dass ich mich mehr hätte bewegen sollen, dass ich mich besser hätte ernähren können. Und dass wir Führungskräfte unsere Gesundheit und die Selbstfürsorge in den Managementrunden hätten stärker thematisieren sollen. Ich musste eine Entscheidung treffen: entweder so weiterzumachen wie bisher und in Kauf zu nehmen, dass es gesundheitlich bergab geht. Oder zu realisieren, dass ich auch eine ganze Menge anderer Dinge tun kann.

Bei dieser Entscheidung hat es mir geholfen, das Älterwerden meiner Eltern anzusehen. Zwischen mir und meinen Eltern liegen rund 25 Jahre. Sie im Alter zu sehen, ist ein bisschen wie genetische Daten zu sammeln. Für mich ist das Emotionale nicht mehr so schwierig, wenn ich die Fakten beisammenhabe. Daraus ziehe ich die Konklusion. Ich betrachtete also aus diesem Blickwinkel mein Leben und stellte fest, dass ich nicht mehr bereit war, so viel Kraft für einen für mich nun so wenig relevanten Gegenwert einzusetzen. Nach knapp 40 Berufsjahren, in denen ich viel gearbeitet und viel gesehen habe, wusste ich, dass dieses Leben zu Ende geht. Es war fertig.

Insbesondere bei meinen männlichen Kollegen gibt es eine Art Wettbewerb: Alle sind schlank, groß, laufen Marathon, brauchen wenig Schlaf und erwecken den Eindruck, permanent Höchstleistung zu liefern. Ich glaube, das ist auch ein Ausdruck eines Wegduckens vor dem, was tatsächlich passiert: Sie werden älter. Der auf Psychosomatik spezialisierte Mediziner Christian Graz erlebt laut Manager Magazin bei seinen Patienten – ältere, männliche Topmanager – mitunter einen zwanghaft anmutenden Gesundheitswahn und die feste Überzeugung, topfit bleiben zu müssen. »Manager über 60 fürchten, dass ihr Karriereende von anderen bestimmt wird und sie nicht Herr des Verfahrens sind«, wird Christian Graz zitiert. Statt des goldenen Handschlags drohe ein

Fußtritt mit Schmerz. Graz sagt: »Generell sind bei Männern die Einstiege schwierig ... der Einstieg in den Beruf mit Mitte zwanzig, aber auch der Einstieg in die dritte Lebensphase. Oft fehlt die Sinnstiftung im privaten Umfeld.« Das Magazin resümiert: Einen Plan fürs Unternehmen zu haben, falle diesen Männern nicht schwer. »Ein Plan für sich selbst? Oft Fehlanzeige. Das macht den Ausstieg aus dem Berufsleben auch so schwierig.«[84]

Daher ist mein wichtigster Rat, ehrlich zu sich selbst zu sein. Und sich zu überlegen, wie man mit dem Leben nach dem Job umgehen will. Dieser Prozess kann lange dauern und muss nicht jetzt und gleich passieren. Aber es wäre auf jeden Fall gut, wenn ihn nicht ein Arbeitsplatzverlust oder eine schwere Erkrankung auslöst.

Zu einer guten Vorbereitung gehört, die Verantwortung für das eigene Leben zu übernehmen. In einem Land wie Deutschland, in dem der Sozialstaat sehr ausgeprägt ist, schieben viele, die ihr Arbeitsleben lang Renten- und Sozialversicherungen gezahlt haben, die Verantwortung auf den Staat. Das erachte ich als sehr schwierig. Erstens kann sich jede und jeder ausrechnen, wie viel dabei herauskommt, was mitunter zu wenig für ein sorgenfreies Leben sein kann. Und zweitens kann sich niemand darauf verlassen, dass das mit der staatlichen Unterstützung tatsächlich so klappt, wie prognostiziert wird. Angesichts der geopolitischen Situation und zahlreichen Krisen kann sich noch sehr viel ändern.

Niemand kann damit rechnen, dass alles zu 100 Prozent so wird, wie er sich das wünscht. Aber ich habe die Erfahrung gemacht: Wenn ich auf etwas hinarbeite, was mir wirklich wichtig ist, dann geht das Ergebnis auch in diese Richtung. Das Problem: Viele wissen gar nicht, worauf sie hinarbeiten sollen. Für mich war mein Arbeitsleben sehr erfüllend und sehr wichtig, aber es war nie alles, was ich zu meinem Glück brauchte. Es ist ein Thema meiner Generation, dass die Arbeit bei vielen von uns einen sehr hohen Stellenwert genießt. Wir gelten als diszipliniert, ehrgeizig, fleißig und haben tatsächlich in der Regel sehr viel gearbeitet oder tun es noch. Es ist also völlig legitim zu sagen: *Es war schön, das Kapitel Erwerbsarbeit hatte einen guten Anfang und es hat ein gutes Ende gefunden. Prima.*

Trotzdem tun sich viele schwer mit dem Abschied von ihrem Berufsleben. Dabei haben wir alle keine Zeit zu verschenken. Wer jemals Schwerkranke beim Sterben begleitet hat, weiß, dass in dieser Lebensphase oft Themen hochkommen, die nicht bearbeitet oder nicht besprochen oder nicht erledigt sind. Dann aber ist es zu spät. Allein um nichts zu bereuen, ist es klug, sich rechtzeitig mit diesem Teil des Lebens auseinanderzusetzen, denn der Blick auf den Tod kalibriert den Blick auf das Leben.

Unser Zeitgeist war zumindest noch bis vor Kurzem so, dass eigentlich immer alles für jeden oder jede möglich war: Der medizinische Fortschritt ist enorm. Uns stehen ein übergroßes Angebot an mehr und besserem Essen sowie alle möglichen Produkte und Dienstleistungen zur Verfügung. Und trotzdem machen wir nicht das Beste daraus, sondern überspannen den Bogen und zerstören unsere Erde. Das machen wir ganz oft mit unserem eigenen Leben genauso. Mag sein, dass dies ein Teil unserer evolutionären Entwicklung ist, aber wir haben ja den Verstand dazu bekommen und könnten uns anders damit auseinandersetzen, was wir für unser Glück tatsächlich brauchen.

>> *Der eigene Tod ist kein Thema für Angst, sondern eines für Realismus. Wir kennen alle die durchschnittliche statistische Lebenserwartung.* «

Mich hat die Konfrontation mit dem Tod darin bestärkt, mein Leben zu verändern. In die Zeit meiner Standortbestimmung fielen gleich drei Corona-Todesfälle in meiner Familie. Die Pandemie als solche war für mich keine große Überraschung. Wir hatten schon 2003 bei Siemens Präventionspläne im Falle einer Pandemie entwickelt. Damals ging es um die Vogelgrippe in Asien, die aber letztlich nicht nach Deutschland geschwappt ist. Die Coronapandemie hat uns 20 Jahre später dann sehr deutlich gezeigt, wie verwundbar wir alle sind. Egal, wie gesund, gut ernährt oder sportlich, egal, wie viel Geld auf dem Konto, aus welcher sozialen Schicht und wo auf der Welt: Dieses Virus konnte jede und jeden erwischen. Es war die demokratischste Krankheit, die wir bisher erlebt haben. Für mich war Corona wie ein Wake-up-Call, dass Zeit noch wertvoller ist, als sie es ohnehin schon immer war.

Der eigene Tod ist kein Thema für Angst, sondern eines für Realismus. Wir kennen alle die durchschnittliche statistische Lebenserwartung. Sich Gedanken darüber zu machen, wie sich unser Alter gut gestalten lässt, hat fast jeder in der Hand. Natürlich ist es auch eine Frage der finanziellen Ausstattung und der gesundheitlichen Verfassung. Aber im Normalfall haben wir alle Gestaltungsmöglichkeiten. Das Privileg, dass wir so gut durch diese Pandemie gekommen sind und uns impfen lassen konnten, konnte ich nicht einfach so zur Seite wischen und zur Tagesordnung übergehen. Für mich war es eine Bestätigung, endlich nun das zu machen, was ich mir sowieso vorgenommen hatte.

Durch die Auswirkungen der Corona-Todesfälle auf die Familie – insbesondere bei meinem Vater, den der Verlust stark getroffen hat – haben Thomas und ich gemerkt, dass sich etwas in unserem Lebensumfeld grundlegend verändert. Das war eigentlich der allerletzte Anstoß für uns, dass auch wir etwas ändern müssen. Zumal es nicht nur meinen Eltern, sondern auch meinen Schwiegereltern gesundheitlich nicht besonders gut ging. Dieser Moment einer notwendigen Veränderung, den wir beide gleichzeitig spürten, kam dann allerdings heftiger, als wir es je hätten voraussehen können. Man kann eben immer nur einen groben Plan machen und muss flexibel sein, wenn es so weit ist. Daraufhin beschlossen wir sofort, die Sache anzugehen und unseren Wohnort zu unseren Eltern zu verlagern.

Thomas ist ein Familienmensch und hat sich schon immer um die Belange seiner Eltern gekümmert. 2020 hatten wir bereits ein Haus im Wohnort seiner Eltern gekauft. Unsere Geschwister leben zwar vor Ort, aber es war für uns selbstverständlich, dass auch wir uns kümmern müssen. Es war klar, dass Thomas die Betreuung nicht allein stemmen kann, wenn auch meine Eltern Hilfe und Unterstützung brauchen. Ich hatte bei Bosch schon bei meinem Jobantritt gesagt, dass ich das Arbeitsverhältnis verändern oder beenden müsste, wenn sich die Rahmenbedingungen in der Familie verändern. Das zeigt, dass ich schon sehr viel früher konkret über die Situation nachgedacht habe, sonst hätte ich das nicht ins Gespräch gebracht. Im Nachhinein denke ich, dass ich mich vielleicht selbst vergewissern wollte, dass da etwas auf mich zukommen könnte, was sich nicht wegdrücken lässt. Vielleicht ist es auch einfach gut, solche Themen zu einem gewissen Zeitpunkt zu dokumentieren oder mit anderen darüber zu sprechen, bevor man das alles wieder zur Seite schiebt.

In meinem beruflichen Umfeld war meine Kündigung eine Überraschung. Die Reaktionen reichten von Verblüffung über Bedauern bis zu Verständnislosigkeit. Einige waren vielleicht auch froh, mich loszuwerden, denn ich war ja nicht immer einfach. Oft habe ich als Reaktion die nervtötende Bemerkung gehört: »Sie können sich das ja auch leisten.« Das ist korrekt. Schließlich habe ich auch sehr viel gearbeitet und vorgesorgt.

Bei den meisten Menschen in meinem Umfeld sehe ich kein Bewusstsein für diese Frage, wann wohl der richtige Zeitpunkt ist, um aufzuhören. Oder was eigentlich passieren muss, wenn Eltern oder andere im unmittelbaren Umfeld Unterstützung brauchen.

Ich habe meistens mit Männern zusammengearbeitet und deren Standardeinstellung ist bis heute, dass ihre Ehefrauen sich um die Care-Arbeit kümmern werden.

Thomas und ich sind mit der gleichberechtigten Aufteilung der Care-Arbeit offenbar immer noch eine Ausnahme. Die Gender-Care-Gap-Studie vom März 2024 zeigt, dass Frauen pro Tag im Durchschnitt 44,3 Prozent mehr Zeit für unbezahlte Sorgearbeit aufwenden als Männer.[85] Zur Sorgearbeit zählen neben der Pflege von Angehörigen auch Kindererziehung, Hausarbeit und das Ehrenamt. Der Studie zufolge verbringen Männer pro Woche knapp 21 Stunden und Frauen knapp 30 Stunden mit unbezahlter Sorgearbeit. »Für Frauen ergeben sich dadurch wirtschaftliche Nachteile in Bezug auf ihre Entlohnung, ihre beruflichen Chancen, ihre ökonomische Eigenständigkeit und letztlich auch auf ihre Alterssicherung«, schreibt das Bundesministerium für Familie, Senioren, Frauen und Jugend. In diesem Punkt muss in Sachen Gleichstellung von Männern und Frauen noch viel passieren.

>> *Wenn sich alle Führungskräfte stärker mit dem Ende ihrer Laufbahn befassen würden, käme mehr Qualität in der Führung dabei heraus. Denn wer sich mit dem Abgang beschäftigt, nimmt sich selbst nicht mehr so wichtig.* <<

Ich hatte mir im Vorfeld keine Gedanken darüber gemacht, wie mein Ausstieg wirken würde. Ich habe ihn nicht öffentlich kommuniziert, um einen Marketingeffekt zu erzielen oder um im Gespräch zu bleiben. Meine Intention war, die öffentliche Kommunikation über die geplanten Veränderungen selbst zu übernehmen und zu steuern. Dass die Aufmerksamkeit in der Öffentlichkeit so groß sein würde, war nicht kalkuliert und ich hatte das auch so nicht erwartet. Mein Anliegen war es, nach meinem Ausstieg vieles miteinander zu verbinden: meine Fähigkeiten als Managerin weiterhin sinnvoll einzubringen, selbst unternehmerisch tätig zu werden und zugleich die Zeit und Selbstbestimmung zu haben, mich um meine Eltern zu kümmern.

Vielleicht motiviert meine Geschichte die Kollegen und Kolleginnen, ihren eigenen beruflichen Ausstieg oder Wechsel aktiv zu gestalten. Ich glaube, wenn sich alle Führungskräfte stärker mit dem Ende ihrer Laufbahn befassen würden, käme mehr Qualität in der Führung heraus. Denn wer sich mit seinem beruflichen Abgang beschäftigt, nimmt sich selbst zwangsläufig nicht mehr so wichtig. Es gibt im Berufsleben Phasen, in denen Führungskräfte etwas erreichen möchten und sich gegen andere durchsetzen müssen. Auf den letzten Metern noch sein Ego voranzustellen und andere taktisch auszuspielen, ist völlig überflüssig. Für mich war es schön, in gutem Einvernehmen zu gehen. Ich habe bis heute viele enge Kontakte zu Bosch-Leuten.

Vieles, was im Job unglaublich wichtig zu sein schien, spielt im »echten Leben« überhaupt keine Rolle. Als wäre die Arbeitswelt ein Paralleluniversum, eine künstliche Umgebung mit Anforderungen, die in der Außenwelt überhaupt niemand wahrnimmt.

Anfangs war es merkwürdig, den ganzen Tag lang zuhause zu sein und zu merken: *Ach, Mensch, es gibt doch auch anderes, was man machen kann.* In unserer Leistungsgesellschaft und insbesondere in höheren Managementkreisen bezieht man seine Anerkennung aus der beruflichen Arbeit, hier wird der Wert einer Person gern an der Zahl ihrer Aufsichtsratsmandate oder sonstigen Posten gemessen. Wer sie nicht hat, ist nichts wert. Das ist natürlich eine ziemlich armselige Haltung, die auf Dauer gar nicht funktionieren kann. Es sei denn, man fällt im Büro tot um. Viele glauben sogar, sie seien ohne ihren Job wertlos. Deshalb finde ich es übrigens auch so wichtig, sich im Ehrenamt zu engagieren: Einerseits ist es eine gute Gelegenheit, die eigenen Fähigkeiten für die Gemeinschaft nutzbar zu machen, und andererseits kann man sich im Ehrenamt vergewissern, einen im Wortsinn wertvollen Beitrag zu leisten. Im Ehrenamt ist man als Mensch gefragt und nicht in einer Funktion oder als Inhaberin irgendwelcher Posten.

Das menschliche Umfeld ändert sich mit einem beruflichen Wechsel enorm. Nach meinem Ausscheiden bei Bosch habe ich bestimmte Kontakte bewusst nicht mehr aufrechterhalten, weil sie rein geschäftlich waren. Andere haben sich von mir abgewandt, weil ich ihnen nicht mehr nützlich war. Es ist ein Unterschied, ob ich Chief Digital Officer (CDO) von Bosch bin oder einfach der Mensch Vera Schneevoigt. Als ich bereits gekündigt hatte, kamen immer noch Anfragen für Posten in Kuratorien. Ich habe dann offen kommuniziert, dass ich bald keine CDO mehr sein werde, und gefragt, ob sie Interesse an mir als Bosch-Repräsentantin oder an mir als Person haben. Natürlich sagt erstmal niemand direkt, dass man als Mensch nicht interessiert. Aber das System ist stark geprägt durch Titel und Funktionen. Da gilt es, eine realistische Erwartungshaltung und Resilienz zu entwickeln und es nicht persönlich zu nehmen. Mir hat geholfen, dass ich mich auch räumlich verändert habe. Wäre ich in München geblieben und hätte ich nicht so viele familiäre Herausforderungen gehabt, wäre mir dieser Bruch vielleicht schwerer gefallen.

Der letzte Tag meines Angestelltendaseins war ein Ende mit Pauken und Trompeten. Ich wollte diesen 30. September 2022 mit meinen Kollegen in Stuttgart verbringen und auch gleich mein Auto und noch ein paar Sachen bei Bosch abgeben. Auf der Fahrt dorthin erreichte mich die Nachricht, dass sich der Zustand meines schwerkranken Schwiegervaters rapide verschlechtert. Dann

folgte die Nachricht, dass meine Mutter ins Krankenhaus einge-
liefert würde. Es war eine Katastrophe. In München war Oktober-
fest, es war schwierig, einen Mietwagen zu bekommen. Ich habe
in aller Eile alles abgegeben und mich sofort auf den Rückweg gemacht. Es war ganz anders als gedacht, alle Pläne waren über den
Haufen geworfen. Zeit, wehmütig zu werden oder über diesen
Abschied nachzudenken, gab es anschließend gar nicht, das Ende
meiner Karriere als Managerin war von viel wichtigeren familiären
Ereignissen überlagert.

Ich habe mir letztens nochmal die WDR-Dokumentation
angesehen, die in dieser Zeit über mich und unsere Familien gedreht wurde. Wenn ich mich jetzt selbst dort sehe, fällt mir auf,
wie nüchtern ich wirke. Tatsächlich musste ich schon immer erst
alle Fakten geprüft haben, bevor ich emotional werden kann. Vielleicht ist das auch gut so. Für manche mag das kühl klingen, aber
nur emotional zu agieren, bringt nichts. Es geht darum, das Beste
aus einer Situation zu machen – jetzt und hoffentlich auch noch
viele Jahre in Zukunft. Vielleicht ist Pragmatismus einfach ein Teil
des Überlebenskonzepts.

» *Es ist höchste Zeit für ein Parental-Leave-Reverse-Konzept!* «

Meinen Eltern haben wir unseren Entschluss, unseren Wohnsitz
zu verlegen, erst später mitgeteilt. Sie waren beschäftigt mit ihrer
Trauer. Mein Vater ist seit dem Tod seiner Geschwister durch Corona nicht mehr derselbe Mensch. Ich hatte schon vorher erste An-
zeichen seiner Demenz-Alzheimer-Erkrankung bemerkt. Mit den
furchtbaren Ereignissen bekam die Krankheit einen Riesenschub.
Zeit meines Erwachsenenlebens habe ich meine Eltern eigentlich

immer vor vollendete Tatsachen gestellt, egal ob es um Versetzungen ging oder um neue Jobs oder um die Scheidung von meinem ersten Mann. Als wir ihnen erzählt haben, dass wir in ihre Nähe zurückziehen, waren sie, glaube ich, einfach nur sehr froh.

Die WDR-Dokumentation zeigt unsere erste Zeit in Mayen. Das war auch im Rückblick eine gute Sache. Die Arbeiten dazu liefen über ein halbes Jahr, was uns die Zeit und die Dringlichkeit gab, uns mit unserer neuen Situation auseinanderzusetzen. Dass es überhaupt zu dieser Dokumentation gekommen ist, zeigt, wie sehr das Thema Elternbetreuung die Menschen bewegt: Ich hatte über Social Media kommuniziert, dass ich meinen Job aufgeben würde. Daraufhin meldete sich das Online-Job-Netzwerk Xing bei mir und fragte, ob es meinen Ausstieg medial begleiten könnte. Ich habe mir nichts weiter dabei gedacht und zugesagt. Die Resonanz war sehr viel größer, als ich je erwartet hätte. Dadurch ist die Filmemacherin Caterina Woj auf mich gestoßen. Sie fragte an, ob ich mir grundsätzlich vorstellen könnte, bei einer Doku mitzumachen. Ich hatte keine Idee, was so ein Vorhaben bedeutet, und musste sowieso erstmal meine Familie fragen, ob sie einverstanden ist. Wir haben uns alle gut überlegt, ob wir uns sichtbar machen wollen. Man kann nicht wissen, was im Nachhinein passiert.

Letztlich sind zwei Filme entstanden, ein etwas kürzerer für das Format »Echtes Leben« und ein längerer für »WDR hautnah«. Bis heute werden die Sendungen in den Dritten Programmen wiederholt. Zeitgleich bekomme ich immer noch Anfragen von Journalistinnen und Journalisten, das Interesse reicht vom Deutschlandfunk bis zum Spiegel. Es setzen sich derzeit einfach sehr viele Menschen in unserer Gesellschaft mit dem Thema auseinander, wie Eltern gut betreut werden können – und wer das eigentlich übernimmt. Grundsätzlich stellen sich die Fragen: *Sind Kinder für ihre Eltern verantwortlich? Können Eltern von ihren Kindern eine Betreuung erwarten? Wann sind Eltern in einem Heim besser aufgehoben? Wie lässt sich das finanzieren?*

Wir haben das Thema Betreuung mit unseren Eltern besprochen. Sie haben den Wunsch, selbstbestimmt zu Hause zu leben und dort zu bleiben, solange es ihnen möglich ist. Dafür haben wir rechtliche, organisatorische und bauliche Voraussetzungen geschaffen, zum Beispiel altengerechte Bäder eingebaut, Treppenlifte montieren lassen und Vorsorgevollmachten verfasst. Das schafft Klarheit und Sicherheit für alle Beteiligten. Das war unser Weg, vorzusorgen. Es gibt kein Patentrezept, mit dieser Situation umzugehen, jede Familie muss ihren eigenen Weg finden.

Klar ist: Gesellschaftlich und in der Arbeitswelt muss sich etwas verändern. Während dem Thema Kindererziehung und Elternzeit in den vergangenen Jahren sehr viel Aufmerksamkeit gewidmet und viele Lösungsansätze erarbeitet wurden, verschwinden unsere Alten sang- und klanglos aus dem Blick. Es ist akzeptiert und auch gesellschaftlich gewünscht, dass sich berufstätige Väter und Mütter um ihre Kinder kümmern können – über die Betreuung der alten Eltern wird aber meist verschämt geschwiegen. Dabei wird sich die Pflegeherausforderung allein durch die demografische Entwicklung in Zukunft deutlich verschärfen. Wie wäre es mit einem Konzept – zum Beispiel mit dem Arbeitstitel »Parental Leave Reverse«, also einer umgekehrten Elternzeit –, in dem Arbeitgeber ihren Mitarbeitenden flexible Pflegezeiten für deren Eltern gewähren? Das wäre für alle ein Gewinn. Denn es ist keineswegs so, dass die Betreuung älterer Menschen ausschließlich belastend und schwierig ist: Sie schenkt einem auch die große Chance, sich – wieder – nahe zu sein, gemeinsam aktiv zu werden und gemeinsam Freude zu haben.

>> *Für Müßiggang braucht man ein starkes Selbstbewusstsein.* <<

Ich fühle mich deutlich zu jung, um nur so herumzuplätschern. Aber ich genieße es aktuell auch sehr, lange zu schlafen und ohne ein schlechtes Gewissen einfach mal nichts zu tun. Es hat lange gedauert, bis ich das konnte. Für Müßiggang braucht man ein starkes Selbstbewusstsein. Ich mag den Rat der 71-jährigen Entwicklungspsychologin Pasqualina Perrig-Chiello. Sie sagt auf die Frage der Süddeutschen Zeitung, wie man an die zweite Lebenshälfte herangehen sollte: »Jeder sollte versuchen, nach seiner Fasson zu leben, und nicht, wie andere es einem diktieren wollen. Nur unter der Palme liegen ist allerdings keine Option, man braucht Aufgaben. Ich denke, man sollte planvoll an diesen Lebensabschnitt herangehen – und gleichzeitig offen für Neues sein.«[86]

Es gibt sehr viele Dinge, die mich interessieren. Dafür Zeit zu haben, ist wunderbar. Im Jahr 2020 haben Thomas und ich eine gemeinsame Firma gegründet, in der ich zunächst nur stille Teilhaberin war. Anfang 2024 haben wir sie relauncht und starten nun gemeinsam durch. Ich wollte immer schon Gründerin sein, jetzt ist es endlich soweit. Außerdem engagiere ich mich bei #FlutMut oder für Encourage Ventures, wo ich neue Technologieprojekte begutachte. Das sind alles Teilzeitinitiativen, die mich interessieren, und von denen ich mehrere nebeneinander betreuen kann, ohne dass sie meine volle Zeit in Anspruch nehmen. Da gibt es mal Phasen, in denen ein bisschen mehr los ist und dann mal wieder ein bisschen weniger. Dieser selbstbestimmte Einsatz von Zeit ist für mich ein hohes Gut. Ich vermisse das ständige Reisen und das permanente Getaktetsein überhaupt nicht. Jetzt versuche ich, mein Wissen vernünftig zu nutzen und Dinge zu machen, die ich noch nie gemacht habe, weil es entweder zeitlich nicht geklappt hat oder weil es mit dem Angestelltenverhältnis schwer zu vereinbaren war.

Es ist tatsächlich so: Wenn man offen ist, dann passiert auch immer wieder etwas Neues. Wie eben der Film oder Podcasts oder auch dieses Buch. Ich wäre von mir aus niemals auf die Idee gekommen, ein Buch zu schreiben. Gleiches gilt fürs Unterrichten: Ich habe das Erasmus Studierendenprogramm in Rotterdam zum Thema Circular Economy unterstützt, seit 2023 bin ich Gastdozentin an der Fachhochschule Dresden. Außerdem habe ich an einem Institut der Uni Köln eine Ausbildung zum Basic Agile Master absolviert und hatte seit Jahrzehnten mal wieder Prüfungsangst.

Es ist eine großartige neue Erfahrung, dass ich für solche Projekte Zeit und Muße habe, und dass ich jeweils prüfen und entscheiden kann, ob ich etwas tue oder nicht. Dabei entdecke ich mich auch selbst nochmal neu. Ich musste erst mein Angestelltendasein beenden, bevor ich mein gesamtes Potenzial nutzen konnte, um Neues auszuprobieren. Das gilt auch für die Beziehung zwischen Thomas und mir. Wir haben uns in der Arbeit kennengelernt und hatten unsere Ehe dem schnell getakteten Managerleben angepasst. Wir wussten immer schon, dass wir ein gutes Team sind, aber dass wir als Paar mit dieser Vielzahl an Veränderungen so gut klarkommen und so gut harmonieren, ist eine schöne Erkenntnis. Jetzt haben wir viel mehr Zeit füreinander. Auch das ist eine Erfahrung, die ich meinem »neuen« Leben verdanke.

> » *Mein Wunsch ist, dass sich alle mit dem Altern auseinandersetzen und ihre Zukunft aktiv gestalten, anstatt viel Zeit in Bedauern zu investieren.* «

Sich nach 40 Jahren räumlicher Distanz wieder den eigenen Eltern anzunähern, ist eine spannende Erfahrung. Ich kam zurück mit einem großen Paket an neuem Wissen, Ideen, Erfahrungen, einer anderen Form von Neugierde und Inspirationen. Zwar bestand immer eine emotionale Verbindung zwischen uns, dennoch lernten wir uns noch einmal neu kennen.

Mein größtes Ansinnen ist es, ihre Wünsche zu respektieren. Auch zu meinem eigenen Schutz. Oft, wenn ich zu ihnen oder auch wieder nach Hause fahre, frage ich mich, ob es gut ist, dass sie allein in ihrem Haus leben. Dann frage ich mich, warum ich mich eigentlich so schwer damit tue, ihren Willen zu akzeptieren. Sie haben sich ihr Leben, so wie es ist, selbst ausgesucht. Für meine Eltern ist es, glaube ich, einfach eine Beruhigung zu wissen: Wir sind da. Wir kümmern uns. Zugleich hoffen sie, dass wir uns nicht zu sehr einmischen oder irgendetwas bestimmen wollen. Das kann ich nur akzeptieren und respektieren, und das ist schon schwer genug. Es bedeutet für mich, dass irgendwann mal nachts ein Anruf kommen könnte, weil irgendetwas passiert ist. Oder dass ich zur Haustür hereinkomme und sehe, dass irgendetwas passiert ist. Aber auch das muss ich akzeptieren, denn sie wollen so leben. Ich muss sie in Ruhe lassen, aber trotzdem da sein. Das ist jetzt mein Job.

Es ist eine große mentale Belastung, den eigenen Eltern beim Vergehen zuzuschauen. Manchmal ist das sehr traurig. Es gibt Momente, in denen ich mich frage: *Meine Güte, ist das jetzt wirklich das Ende? Soll das jetzt so sein? Warum ist das so?* Mein Vater leidet unter Alzheimer-Demenz. Diese Krankheit verändert ihn radikal und damit auch meine Rolle als Tochter und unseren Umgang miteinander. Die Betreuung meiner Eltern eröffnet mir viele Möglichkeiten, nochmal über Dinge nachzudenken, die ich mir freiwillig nicht unbedingt ausgesucht hätte.

Thomas hat ähnliche Erfahrungen gemacht, als sein Vater immer schwerer erkrankte und starb. Das war eine schwere Zeit, insbesondere für meine Schwiegermutter, die nach vielen Jahrzehnten Ehe allein im Haus lebt. Thomas und ich verbringen viel Zeit mit ihr, um ihr das Gefühl von Verlust und Einsamkeit wenigstens ein bisschen zu nehmen. Wir versuchen, sie zu motivieren, wieder stärker am Leben teilzuhaben. Es ist nicht einfach, diese feine Balance zu finden, zwischen Ermutigung und Übergriffigkeit. Sie ist eine eigenständige Person, es steht uns also nicht zu, sie zu irgendetwas zu überreden. Es ist aber auch nicht gut, wenn sie sich in ihrer Trauer von der Außenwelt zurückzieht.

Wir werden später auch nicht wollen, dass bei uns jemand hereinredet. Gut, wir haben keine Kinder und können alles selbst organisieren. Mit anzusehen, wie unsere Eltern altern, ist für Thomas und mich eine Art Pilotprojekt, um uns damit auseinanderzusetzen, wie wir selbst alt werden wollen. Altern ist ein biologischer Prozess. Wie wir damit umgehen und was wir daraus machen, können wir uns rechtzeitig überlegen. Mein Wunsch ist, dass sich alle frühzeitig mit dem Altern auseinandersetzen und ihre Zukunft aktiv gestalten, anstatt viel Zeit in Bedauern zu investieren.

Ich war letztens in Augsburg und habe Ahmad getroffen. Es war ein schöner Frühsommerabend. Vor einer netten Kneipe saßen viele alte Leute zusammen an einem Tisch und tranken Wein. Das sah gemütlich und harmonisch aus, es herrschte eine gute Atmosphäre. Es war so schön zu sehen, dass Menschen höheren Alters einfach ohne Plan zusammensitzen. Vielleicht waren sie vorher gemeinsam im Programmkino gleich nebenan. Das wünsche ich mir auch: Dass Thomas und ich sehr viele von solchen Abenden im Freundeskreis und mit Gleichgesinnten genießen können. Und vielleicht entwickeln wir sogar neue Formen des Zusammenwohnens, warum nicht über eine Alters-WG nachdenken? Auch darum muss man sich rechtzeitig kümmern, denn das passiert nicht von selbst. Bei der Vorbereitung der Diamantenen Hochzeit meiner Eltern habe ich gesehen, wie viele von ihren Freunden schon gestorben sind. Man weiß nicht, wie viel Zeit man mit seinen Freundinnen und Freunden hat. *Was würde ich tun, wenn ich die Letzte wäre? Wie fühlt sich das dann an?* Es ist müßig, sich auf jedes Thema einzustellen, aber der Facettenreichtum ist riesengroß.

Der große Unterschied zur Generation meiner Eltern ist, dass meine Generation ein ganz anderes Leben führt. Dieses Leben wird uns im Alter befähigen, mehr zu unternehmen und vielfältiger zu agieren. Wir werden über eine viel größere technologische Unterstützung verfügen, viel mehr Interessen haben und wir werden mobiler sein, schon weil fast jede und jeder heute einen Führerschein besitzt und weil wir mit dem System des Öffentlichen Nahverkehrs umgehen können.

Wir haben heute so viele Möglichkeiten, die unsere Eltern nicht nutzen möchten oder nicht nutzen können. Der Blumenstrauß unserer Möglichkeiten ist einfach viel größer. Das macht einen großen Unterschied. Außerdem sind wir in unserer Generation sehr viele Menschen. Das heißt, wir sind nicht allein und haben damit die Möglichkeit, uns miteinander in unterschiedlichster Form zu verbinden. Wir müssen nicht auf unserer Familieninsel bleiben. Wir können eine neue Form der Selbstbestimmung definieren. Solange wir gesund sind, haben wir es selbst in der Hand, in welchem Maße wir welche Rolle spielen möchten. Ich bin überzeugt, dass wir in der Zeit, die vor uns liegt, etwas finden können, was genauso viel oder vielleicht sogar noch mehr Spaß macht als das, was schon hinter uns liegt.

Wir können Zukunft. Das gilt auch für die Zukunft im Alter.

MEIN IMPULS
WIR KÖNNEN ZUKUNFT – MIT ERFAHRUNG GESTALTEN

Wir brauchen Optimismus und die Erfahrung der Alten, um unsere Zukunft gut zu gestalten. In Deutschland ist viel von der Altersarmut die

Rede, und, ja, es gibt sie: Etwa 15 Prozent der über 65-Jährigen gelten als armutsgefährdet[87], was hier keineswegs schöngeredet werden soll. Dennoch lohnt es sich, den Blick auf die anderen 85 Prozent zu weiten. Insgesamt sind ältere Menschen hierzulande im Schnitt gesünder und mobiler als alle Generationen vor ihnen. Sie haben eine längere Lebenserwartung und weniger finanzielle Sorgen, sie reisen mehr, sind kulturell interessiert, gehen Hobbys nach, engagieren sich im Ehrenamt, sind viel neugieriger und aktiver, als es ihre Eltern oder gar Großeltern im gleichen Alter je waren, und sie haben die Möglichkeit, ihr Leben sehr lange frei zu gestalten – vorausgesetzt, sie sind gesund.

Ältere Menschen in diesem Land haben also viele gute Gründe, glücklich zu sein. Und tatsächlich fand der britische Ökonom und Zufriedenheitsforscher Andrew Oswald[88] schon im Jahr 2008 heraus: Das Glück ist ein U. Er belegte mit mehreren breit angelegten Studien, dass die Zufriedenheit der Menschen – unabhängig von Geschlecht, Familienstand, Herkunft oder Einkommen – mit ihrem Alter zusammenhängt. Der U-Kurve zufolge sind Menschen in ihrer Jugend happy, dann folgt mit etwa Mitte 40 ein Zufriedenheitstiefpunkt, bevor die Kurve mit zunehmendem Alter wieder steil nach oben weist. Es sei eine »ganz einfache Rechnung, die die zweite Lebenshälfte zur besseren machen kann«, schreibt die Zeit: »mehr Jahre, mehr Gesundheit, mehr Zufriedenheit. Während das Glück der Jugend durch enttäuschte Erwartungen getrübt wird, hat der Fortschritt die guten Jahre in der zweiten Lebenshälfte vervielfacht. Der rechte Schenkel des U wird immer länger. Nicht bei jedem. Aber im Schnitt. Bei manchen wird er sogar ganz besonders lang.«[89] Das Glück im Alter sei nicht nur Schicksal, sondern auch Leistung. Es mache nachweislich zufrieden, das erworbene Wissen und Fähigkeiten im Alter an Nachgeborene weiterzugeben und sich in die Gemeinschaft einzubringen. Der Fachausdruck dafür lautet »Generativität«. Weitere wissenschaftlich fundierte Glücksbringer im Alter laut Zeit: Altruismus, Dankbarkeit, die Fähigkeit, loszulassen, und sich schlussendlich zunehmend auf das Wesentliche und Positive konzentrieren.[90] Auch die eigene Einstellung beeinflusst das Älterwerden. Wer das Älterwerden positiv betrachtet, lebt im Schnitt siebeneinhalb Jahre länger – und gesünder – als Menschen mit einer eher negativen Perspektive auf diesen Lebensabschnitt, fanden Forschende heraus.[91] Was ein weiterer guter Grund ist, der Zukunft positiv entgegenzusehen.

Der Beitrag von Älteren für eine gelingende Zukunft der gesamten Gesellschaft liegt einmal darin, die über Jahrzehnte erworbenen Fähigkeiten und Erfahrungen weiterhin nutzbringend einzusetzen. Dafür sollten sich Menschen meines Alters gut vorbereiten und neu organisieren, denn: Im Gegensatz zu unseren Vorfahren können wir uns nicht mehr auf einen starken Familienverbund verlassen, der sich um uns kümmert, wenn wir vielleicht mal Hilfe brauchen. Familien werden weltweit immer kleiner, meldet das Max-Planck-Institut für demografische Forschung in Rostock[92]. Die Zahl der Cousins und Cousinen, Nichten, Neffen und Enkelkinder im Familienverbund sinkt. Hatte eine 65-jährige Frau im

Jahr 1950 im Schnitt noch 41 lebende Verwandte, wird eine 65-Jährige im Jahr 2095 nur noch 25 lebende Verwandte haben. Das, so die Forschenden, werde sich auf die Kinderbetreuung und Altenpflege auswirken. Die Zukunft der Gesellschaft wird schon wegen dieser Veränderungen gravierend anders aussehen als die Vergangenheit. Unsere althergebrachten Strukturen lösen sich auf, weshalb es an der Zeit ist, neue alternative Konzepte zu entwickeln, wie wir leben wollen.

Im Jahr 2022 lag der Anteil der Menschen in Deutschland, die 55 Jahre und älter sind, bei etwa 37 Prozent der Gesamtbevölkerung. Tendenz steigend. Angesichts dieser großen Alterskohorte und all der in ihr versammelten Erfahrungen, Kompetenzen und Fähigkeiten wäre es doch gelacht, wenn uns nicht etwas Gutes einfiele.

Ich bin überzeugt, dass wir es in der Hand haben, wie unsere Zukunft gestaltet sein wird. Sie wird umso besser sein, wenn wir mehr über die Chancen und Perspektiven sprechen, wenn wir die guten Dinge sehen, weniger meckern und mehr aktiv gestalten.

NACHTRAG

Keine 48 Stunden nach Abgabe des Manuskripts für dieses Buch ist meine Mutter gestorben. Wieder ist etwas, auf das ich hingearbeitet und hingefiebert habe – die Fertigstellung dieses Buchs – von einem Moment auf den anderen völlig unwichtig geworden.

Nur 14 Tage vor ihrem Tod hatte meine Mutter noch gesund und munter mit meinem Vater die Diamantene Hochzeit gefeiert. Vielleicht hatte sie ihre ganze Kraft dafür aufgewendet, dieses Fest zu erleben. Es ist in Ordnung, wenn ein Mensch mit fast 85 Jahren stirbt. Und es ist schön, wenn ein Mensch nicht lange leiden muss. Und dennoch kam dieser Tod für mich überraschend und sehr schnell – und damit in einem Tempo, das ich von ihr so nicht kannte.

Letztlich hat meine Mutter, die in ihrem Leben vielen – oft selbst auferlegten – Zwängen und Selbstzweifeln ausgesetzt war, sich die Freiheit genommen, einfach zu gehen. Ohne »richtige« Krankheit, für die Ärzte unerklärlich und binnen weniger Tage ist sie einfach vergangen. Ich habe sie beim Sterben begleitet, eine Erfahrung, die mich sehr bewegt. Mir hat das einmal mehr vor Augen geführt, dass wir keine Zeit zu verlieren haben.

Gerne hätte ich ihr aus diesem Buch vorgelesen. Sie hat sich noch für mich gefreut, dass es fertig war.

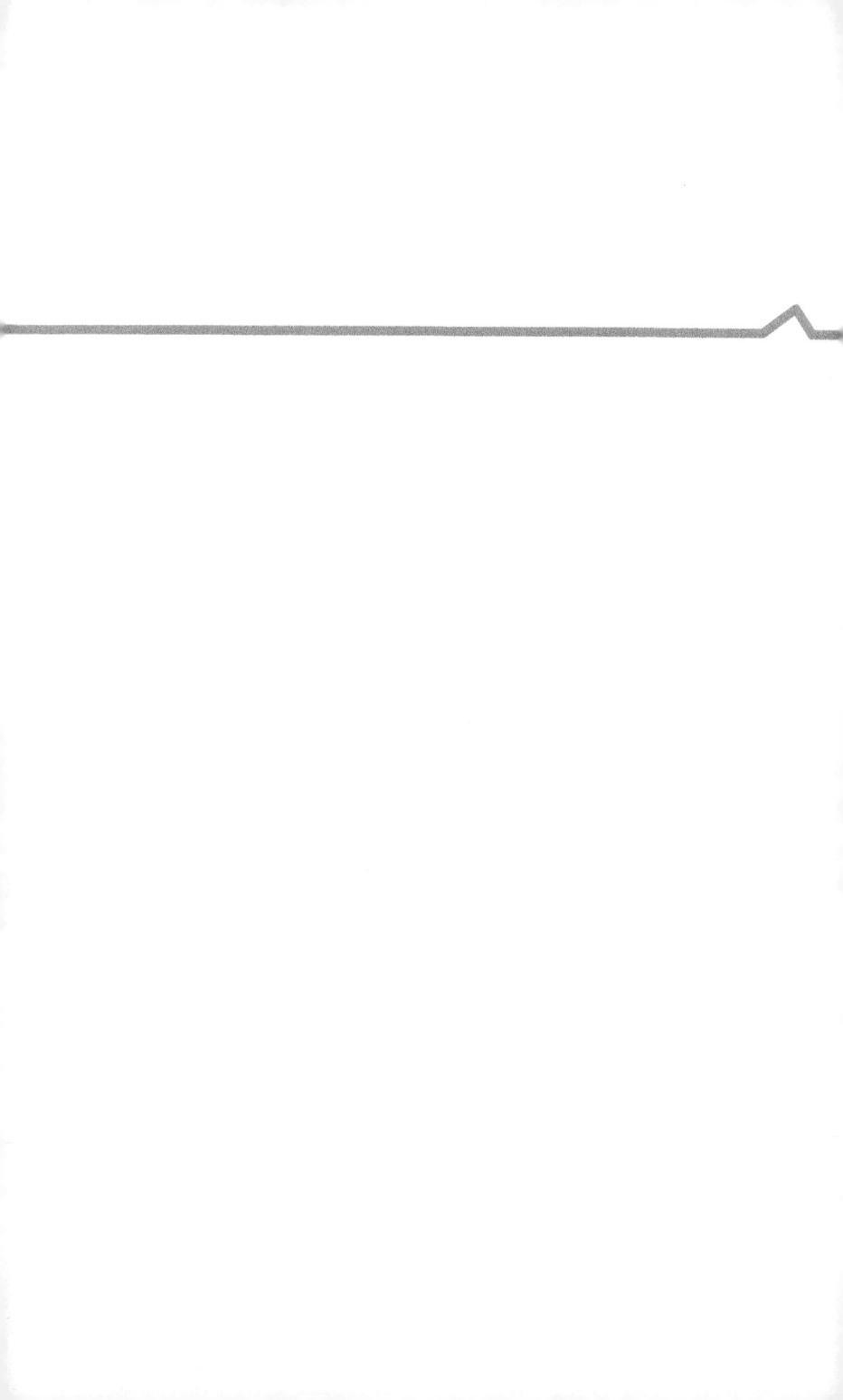

ANHANG

VERA SCHNEEVOIGT

LinkedIn: vera-schneevoigt
Instagram: @vschn
Website: gf-future.com

HEUTE: Im September 2022 beendet Vera Schneevoigt ihre 38-jährige Konzernkarriere und zieht von Bayern in die alte Heimat zurück, um sich gemeinsam mit ihrem Mann Thomas der Betreuung ihrer Eltern und Schwiegereltern zu widmen. Dieser Schritt löst ein unerwartet großes Echo in der Businesswelt und schließlich auch in der Öffentlichkeit aus. Der WDR dreht eine Dokumentation über Vera Schneevoigt und ihre Entscheidung gegen die Privilegien des Managerinnenlebens und für die Betreuung der Eltern. Wobei ihr wichtig ist klarzustellen, dass sie und ihr Mann ihre Eltern nicht pflegen, sondern sich darum kümmern, dass es ihnen gut geht und sie selbstbestimmt leben können.

Das Engagement für Themen rund um Technologie, Digitalisierung und Start-ups, ihr ehrenamtliches Engagement sowie ihre Mandate in der Beratung und in Aufsichtsräten behält sie bei und baut mit ihrem Mann ihr gemeinsames Start-up Guiding for Future weiter aus. Sie ist eine gefragte Gesprächspartnerin für Interviews, Panels und Podcasts und zudem als Gastdozentin an der Fachhochschule Dresden sowie als Investorin und Mentorin für Gründerinnen unterwegs.

Gemeinsam mit ihrem Mann und dem Rhodesian Ridgeback-Rüden Etro lebt sie in der Eifel. Mit ihren syrischen Pflegesöhnen Ahmad und Mohamad stehen die beiden in engem Kontakt. Ihr Schwiegervater und ihre Mutter sind mittlerweile leider gestorben. Mit ihrem Vater und ihrer Schwiegermutter verbringen Vera Schneevoigt und ihr Mann viel Zeit.

2019 BIS 2022: Vera Schneevoigt arbeitet als Chief Digital Officer bei Bosch Building Technologies in München, einem international führenden Anbieter von Produkten und Systemen für Sicherheit und Kommunikation sowie Gebäude-Digitalisierung und Energieautomation. Auch hier beschäftigt sie sich mit den technischen Möglichkeiten von Digitalisierung und KI.

2014 BIS 2019: 2014 startet Vera Schneevoigt als erste Frau in dem aus Japan gesteuerten Produktgeschäft und als Geschäftsführerin der Konzerntochter Fujitsu Technology Solutions in Augsburg. Sie verantwortet die Produktentwicklung, den Einkauf, die Produktion, die Logistik und die Exportkontrolle sowie das Qualitätsmanagement für Server, Notebooks (später Lenovo) und Storage-Systeme außerhalb Japans. Ihr besonderes Augenmerk liegt auf der Entwicklung und Einführung neuer Technologien: Der von ihr verantwortete Entwicklungs- und Produktionsstandort in Augsburg gilt europaweit als Vorreiter einer »Smart Factory«.

2008 BIS 2013: Mit dem Verkauf der Telekommunikationssparte Siemens Enterprise Communications an The Gores Group übernimmt Vera Schneevoigt die Geschäftsführung. In dem Private-Equity geführten Unternehmen ist sie für Einkauf, Werke und Logistik zuständig, unter anderem stark in Projekte in Brasilien und Griechenland involviert und mit den Vor- und Nachteilen der schnell getakteten US-amerikanisch geprägten Unternehmensführung konfrontiert.

1986 BIS 2008: Vera Schneevoigt absolviert eine klassische Karriere bei Siemens, die sie von der »Stammhauslehre« bis in Managementpositionen mit internationaler Verantwortung trägt. Während dieser Zeit lernt sie die Gründlichkeit und Strukturiertheit eines deutschen Konzerns ebenso kennen wie dessen Behäbigkeit und die Folgen von Managementfehlern.

KINDHEIT: Vera Schneevoigt wird 1965 in Kirchen (Sieg) im Westerwald geboren. Ihre Mutter ist Hausfrau. Ihr Vater, der zunächst als Schweißer und Betriebsratsvorsitzender in der Metallindustrie arbeitet, wechselt Ende der 70er Jahre in die Politik und arbeitet für den damaligen CDU-Arbeitsminister Norbert Blüm. Vera wächst mit ihrem Bruder in einer werteorientierten, katholischen Familie auf, die ihr viel Rückhalt gibt und einen guten Start ins Leben ermöglicht.

EHRENÄMTER: Bis heute berät Vera Schneevoigt Vertreterinnen und Vertreter der Bundes- und Landespolitik zu Themen rund um die Digitalisierung und deren Einfluss auf die Arbeitswelt. Ein Fokus ihres Engagements liegt auf der Förderung von Frauen, insbesondere in technischen und digitalen Berufen. Sie ist in mehreren Frauennetzwerken aktiv.

Nach der verheerenden Flut im Ahrtal im Juli 2021 gründete Vera Schneevoigt die Initiative #FlutMut, die sich um die Vernetzung und Kommunikation von Menschen und Projekten im Ahrtal kümmert.

Vera Schneevoigt engagierte sich sowohl für Fujitsu wie für Bosch im Vorstand des Münchner Kreises, einer internationalen Vereinigung, die sich mit Chancen und Herausforderungen der Digitalisierung von Wirtschaft und Gesellschaft auseinandersetzt, sowie im Vorstand des Sicherheitsnetzwerkes München, einem Zusammenschluss von Unternehmen und Forschungseinrichtungen in der Informations- und Cybersicherheit.

AWARDS: 2018 zählte sie zu den Gewinnerinnen des 25-Frauen-Awards der Businessplattform Edition F; 2020 erhielt sie den Emotion Award »Frauen in Führung; 2023 zeichnete sie das Wirtschaftsmedium »Business Insider Deutschland« als »Zukunftsmacherin 2023« aus.

VERA HERMES

LinkedIn: verahermes
Website: verahermes.de

Vera Hermes (Jahrgang 1968) ist Freie Journalistin mit einem Faible für alle Themen rund um werteorientierte Unternehmensführung. Sie war Chefredakteurin verschiedener Marketing-Magazine, moderiert Veranstaltungen und ist als Ghostwriter tätig.

Die gebürtige Ostwestfälin setzt sich in ihren Texten konstruktiv mit der Transformation von Wirtschaft und Gesellschaft auseinander. Ihr Themenspektrum reicht vom Wandel der Arbeitswelt bis zur erfolgreichen Verankerung von Nachhaltigkeit in Unternehmensstrategien. Von transparenten Lieferketten bis zum Konsumverhalten der Menschen. Vom ethischen Wirtschaften bis hin zu den Fragen, ob heute jeder Joghurt eine politische Botschaft haben sollte oder wo eigentlich der Einsatz von Künstlicher Intelligenz an seine Anstandsgrenzen stößt.

Ihr Zusammentreffen mit Vera Schneevoigt bezeichnet Vera Hermes als Riesenglücksfall – zuallererst menschlich und außerdem, weil ihr die Arbeit an diesem Buch enorm viel Freude gemacht hat.

Vera Hermes lebt mit ihrem Mann Walter Plötz und Hund Woody in Aumühle, einem kleinen Ort vor den Toren von Hamburg.

QUELLEN

Vielfalt ist klüger

1 https://www.schufa.de/ueber-uns/presse/pressemitteilungen/
schufa-analyse-weltfrauentag-2024/index.jsp

2 https://www.mckinsey.com/de/news/presse/europa-
mit-grosser-talentluecke-bei-frauen-in-tech-jobs-
technologieberufe-mint

3 https://www.bpb.de/themen/gender-diversitaet/frauen-in-
deutschland/49400/frauen-in-fuehrungspositionen/

4 https://www.allbright-stiftung.de/aktuelles/2019/6/17/der-
neue-allbright-bericht-ein-ewiger-thomas-kreislauf-

5 https://www.spiegel.de/start/wollen-frauen-gar-keine-
fuehrungspositionen-a-e41aaf97-d1e3-46ce-b861-
224413799b16

6 https://www.mckinsey.com/de/news/presse/neue-
studie-belegt-zusammenhang-zwischen-diversitat-und-
geschaftserfolg

7 https://www.bain.com/de/ueber-uns/presse/
pressemitteilungen/germany/2022/vielfalt-und-teilhabe-
zahlen-sich-fur-unternehmen-aus/

8 https://www.charta-der-vielfalt.de/uploads/2023_DDT_
Factbook.pdf

9 https://newmanagement.haufe.de/leadership/interview-with-
john-hagel

10   https://news.kununu.com/aufgeben-gibts-nicht-manuela-rousseaus-weg-an-die-spitze-eines-dax-konzerns/

11   https://sites.lsa.umich.edu/scottepage/home/the-diversity-bonus/

12   https://www.mckinsey.de/~/media/mckinsey/locations/europe%20and%20middle%20east/deutschland/news/presse/2023/2023-09-18%20kulturelle%20vielfalt/2308_whitepaper_cultural_diversity_vs.pdf

13   https://www.mckinsey.com/capabilities/people-and-organizational-performance/our-insights/why-diversity-matters

14   https://presse.koenigsteiner.com/2023/10/30/zusammenarbeit-mit-internationalen-fachkraeften-whitepaper/

Gemeinsam sind wir besser

15   https://dorsch.hogrefe.com/stichwort/selbstwirksamkeitserwartung

16   https://www.bmfsfj.de/bmfsfj/themen/engagement-und-gesellschaft/engagement-staerken/freiwilligensurveys/der-deutsche-freiwilligensurvey-100090

17   https://www.bmi.bund.de/DE/themen/heimat-integration/buergerschaftliches-engagement/bedeutung-engagement/engagement-node.html

18   Oprah Winfrey, Arthur C. Brooks: Die Kunst und Wissenschaft des Glücklichseins: Leben Sie das Leben, das Sie sich wünschen, Seite 103.

19 Adam Waytz, Wilhelm Hofmann: Nudging the better angels of our nature: A field experiment on morality and well-being. Siehe auch https://psycnet.apa.org/doiLanding?doi=10.1037%2Femo0000588 gefunden in: Oprah Winfrey, Arthur C. Brooks: Die Kunst und Wissenschaft des Glücklichseins: Leben Sie das Leben, das Sie sich wünschen, Seite 101ff.

20 https://www.zeit.de/kultur/2024-02/altruismus-egoismus-selbstlosigkeit-soziales-engagement-moral

21 https://correctiv.org/aktuelles/neue-rechte/2024/01/10/geheimplan-remigration-vertreibung-afd-rechtsextreme-november-treffen/

22 https://www.rheingold-marktforschung.de/rheingold-studien/psychologische-wirkungen-der-demonstrationen-gegen-rechtsextremismus/

23 https://www.zukunftsinstitut.de/zukunftsthemen/resilienz-fuer-mensch-gesellschaft-wirtschaft-und-planet

24 https://www.uni-muenster.de/Nachhaltigkeit/engage/index.html

25 https://www.uni-muenster.de/imperia/md/content/nachhaltigkeit/2021-04-01_engage_ap2_trendanalyse_arbeitspapier_mit_executive_summary_02.pdf

Wandel gestalten statt erleiden

26 Andreas Peichl: »Wir haben in Deutschland viel zu verlieren«. https://www.spiegel.de/wirtschaft/soziales/afd-und-abstiegsangst-wir-haben-in-deutschland-viel-zu-verlieren-a-3d5fd7d2-457a-49b3-9300-0c1cf2305a29

27 Andreas Reckwitz: »Populismus ist Verlustunternehmertum«. https://www.handelsblatt.com/politik/deutschland/interview-soziologe-reckwitz-populismus-ist-verlustunternehmertum/29295330.htmlhttps

28 Maria Fiedler: »Der gefährliche Pessimismus der Deutschen«. https://www.spiegel.de/politik/deutschland/zukunftserwartungen-der-gefaehrliche-pessimismus-der-deutschen-meinung-a-95966e6c-e3c4-4abd-beb1-f98157228710

29 https://worldhappiness.report/

30 https://www.tagesschau.de/inland/gesellschaft/wort-des-jahres-krisenmodus-100.html

31 Andreas Reckwitz: »Populismus ist Verlustunternehmertum«. https://www.handelsblatt.com/politik/deutschland/interview-soziologe-reckwitz-populismus-ist-verlustunternehmertum/29295330.htmlhttps:

32 https://www.handelsblatt.com/unternehmen/management/leadership-schwere-zeiten-starke-maenner-die-riskante-sehnsucht-nach-der-harten-hand/100019742.html?mls-token=47817cd469b38485308d5395df3d269054ba28d671cbf37110e0c1c94b11f2725345760655ff2ab2036ae95ed3ee57c20100019742&utm_source=app

33 Maria Fiedler: »Der gefährliche Pessimismus der Deutschen«. https://www.spiegel.de/politik/deutschland/zukunftserwartungen-der-gefaehrliche-pessimismus-der-deutschen-meinung-a-95966e6c-e3c4-4abd-beb1-f98157228710

34 https://newmanagement.haufe.de/organisation/graswurzelbewegung-in-organisationen

35 Sabine Kluge, Alexander Kluge: Graswurzelinitiativen in
    Unternehmen: Ohne Auftrag – mit Erfolg!: Wie Veränderungen
    aus der Mitte des Unternehmens entstehen – und wie sie
    erfolgreich sein können, Vahlen 2020

36 Maja Göpel: »Wie kann ein Wandel unseres Wirtschaftssystems
    gelingen?« https://www.deutschlandfunkkultur.de/
    kommentar-konsumverhalten-klimawandel-gewohnheiten-
    maja-goepel-100.html

Lasst uns lernen

37 https://de.statista.com/statistik/daten/studie/2854/umfrage/
    bachelor-und-masterstudiengaenge-in-den-einzelnen-
    bundeslaendern/#:~:text=Insgesamt%20gab%20es%20
    im%20Wintersemester,Rahmen%20des%20Bologna%2DPro-
    zesses%20eingeführt

38 https://newmanagement.haufe.de/skills/warum-lebenslanges-
    lernen-ueberlebenswichtig-ist

39 https://www.manager-magazin.de/karriere/mc-kinsey-studie-
    ueber-weiterbildung-die-unternehmen-fangen-gerade-erst-an-
    aufzuwachen-a-4ab85f7a-2042-4de4-8662-701e82b8cf87

40 https://newmanagement.haufe.de/skills/interview-with-
    santiago-iniguez

41 https://newmanagement.haufe.de/leadership/podcast-
    trafostation-19

42 https://www.muenchener-bildungsforum.de/_files/
    ugd/82a9f6_44ca73f53a7944ea8e1e3fa5e9bfb789.pdf

43 https://www.unesco.de/bildung/bildungsagenda-2030/
    bildung-einer-veraenderten-welt-die-rolle-der-unesco-fuer-die

44 Hans A. Wüthrich, Wolfgang Winter und Andreas F. Philipp: Die
    Rückkehr des Hofnarren, Seite 26ff.

Mehr Innovation bitte!

45 Im Februar 2024 gab es Meldungen, laut denen Apple sein Auto-Projekt aufgeben könnte, siehe https://www.tagesschau.de/wirtschaft/unternehmen/apple-e-auto-stellenstreichungen-100.html

46 Deepa Gautam-Nigge (Hrsg.): #Ecosystem Innovation. Wie Innovationen unsere Zukunft sichern!, S. 100

47 https://newmanagement.podigee.io/8-innovationsdilemma-fehlt-deutschland-der-grundergeist

48 https://www.handelsblatt.com/technik/forschung-innovation/transformation-wie-amy-webb-die-deutsche-zukunft-einschaetzt/100025245.html

49 https://futuretodayinstitute.com/countryscenarios-germany/

50 Catharina van Delden, Innovation als Gemeinschaftsaufgabe. In: Deepa Gautam-Nigge (Hrsg.): #Ecosystem Innovation. Wie Innovationen unsere Zukunft sichern!, S. 129

51 https://newmanagement.haufe.de/strategie/innovation-interview-with-linda-hill

52 https://www.manager-magazin.de/unternehmen/tech/kuenstliche-intelligenz-mit-der-entfesselung-der-ki-zu-wirklicher-innovation-a-1bba3eaf-a641-4ffd-ae0c-c52a2a3d7e75

53 https://newmanagement.haufe.de/organisation/innovation-das-passende-arbeitsumfeld

54 Wolf Lotter, Ohne Mindset keine Innovationskultur. In: Deepa Gautam-Nigge (Hrsg.): #Ecosystem Innovation. Wie Innovationen unsere Zukunft sichern!, S. 38

55 https://www.wipo.int/edocs/pubdocs/de/wipo-pub-2000-2023-exec-de-global-innovation-index-2023.pdf

56 https://research-and-innovation.ec.europa.eu/statistics/
performance-indicators/european-innovation-scoreboard_en

57 https://www.dpma.de/service/presse/
pressemitteilungen/05032024/index.html

58 https://www.manager-magazin.de/unternehmen/tech/
kuenstliche-intelligenz-mit-der-entfesselung-der-ki-
zu-wirklicher-innovation-a-1bba3eaf-a641-4ffd-ae0c-
c52a2a3d7e75

59 https://web-assets.bcg.
com/59/10/4b7741fa4242ad3ec70d662aeb98/bcg-die-
zukunftsoffensive.pdf

Das bisschen Krise haut uns nicht um

60 https://www.sueddeutsche.de/wirtschaft/siemens-
korruptionsaffaere-das-ist-wie-bei-der-mafia-1.1046507

61 https://lir-mainz.de/resilienz

62 https://qonto.com/de/blog/gruender/gruendungsprozess/
resilienz-staerken

63 https://www.manager-magazin.de/hbm/fuehrung/
das-erste-jahr-als-chef-die-wichtigsten-regeln-a-
35526b51-0002-0001-0000-000050580185

64 https://www.stepstone.de/e-recruiting/blog/vom-mitarbeiter-
zum-chef-der-sprung-ins-kalte-wasser/

65 https://www.manager-magazin.de/hbm/fuehrung/
das-erste-jahr-als-chef-die-wichtigsten-regeln-a-
35526b51-0002-0001-0000-000050580185

66 https://www.manager magazin.de/karriere/toxische-
arbeitswelt-mein-chef-das-arschloch-a-1736bf03-e06c-48d1-
bcf3-70adcb14d0ad

67 https://www.mckinsey.de/news/presse/2023-11-03-mhi-report-reframing-employee-health

68 https://www.mywaybettyford.de/suchtkompendium/manager-und-drogen/

69 https://metatheorie-der-veraenderung.info/wpmtags/beduerfnisregulation/

Wer führt, muss Menschen mögen

70 https://www.greenleaf.org/

71 Anna Barthel und Claudia Buengeler: »Wer dient, gewinnt« in: Personalmagazin 05/24. Die Studie ist veröffentlicht im Fachjournal »Frontiers in Psychology«: https://www.frontiersin.org/journals/psychology/articles/10.3389/fpsyg.2023.957121/full

72 https://www.manager-magazin.de/hbm/fuehrung/social-skills-und-empathie-welche-faehigkeiten-ein-ceo-heute-braucht-a-46bfe42c-5cff-49f8-bf6f-ceeb7df113f3

73 https://www.handelsblatt.com/unternehmen/management/leadership-schwere-zeiten-starke-maenner-die-riskante-sehnsucht-nach-der-harten-hand/100019742.html?mls-token=47817cd469b38485308d5395df3d269054ba28d671cbf37110e0c1c94b11f2725345760655ff2ab2036ae95ed3ee57c20100019742&utm_source=app

74 https://versus-online-magazine.com/de/artikel/lasst-uns-keine-freunde-sein/

75 Dr. Hans Rudi Fischer: »Dienende Führung. Zu einer neuen
    Balance zwischen Ich und Wir.«, Erich Schmidt Verlag, 2019. Für
    das Herausgeberwerk habe ich gemeinsam mit Heinz K. Stahl
    den Beitrag »Dienendes Führen und die japanische Kultur«
    verfasst. Das Buch und auch mein Beitrag fußen auf Vorträgen
    zu einem Kongress zum Thema »Dienende Führung«, siehe
    http://www.hansrudifischer.de/dienende-fuehrung-zu-einer-
    neuen-balance-zwischen-ich-und-wir/

76 Judith Muster und Lars Gaede: »Nach Hause gegangen,
    um zu bleiben« in: Personalmagazin 07/22. https://www.
    haufe.de/download/personalmagazin-ausgabe-72022-
    personalmagazin-568356.pdf

77 https://www2.deloitte.com/de/de/pages/human-
    capital/articles/human-capital-trends-deutschland.
    html?id=de:2ps:3gl:4_con___human-capital-trends-
    2024:5:6con:20240306::kr&gad_source=1&gclid=Cj
    0KCQjwlZixBhCoARIsAIC745AFxDwVb3Vw-xuTWZ_
    iYfItYR8Q2eFKzxODL2mVArWgXkVDYQdAJ8kaAsysEALw_wcB

78 https://www.transformationale-fuehrung.com/
    Transformationale-Fuehrung-Definition.html

79 https://www.business-wissen.de/artikel/fuehrungsstil-was-ist-
    transformationale-fuehrung/

80 https://newmanagement.haufe.de/leadership/kolumne-oliver-
    sowa-reflektiert-fuehren

81 https://www.egonzehnder.com/de/different-generations-same-
    ideals

82 https://www.egonzehnder.com/de/funktionen/
    personalvorstand/insights/menschliche-
    fuhrungspersonlichkeiten-ein-anspruch-der-alle-generationen-
    eint

Altern ist biologisch

83 https://www.handelsblatt.com/karriere/karriereende-richtig-aussteigen/19432196.html

84 https://www.manager-magazin.de/karriere/manager-ueber-60-die-angst-der-silberruecken-vor-der-ausmusterung-a-5d400f0c-ff07-4afa-867b-b4c0a8cdaa8f

85 https://www.bmfsfj.de/bmfsfj/themen/gleichstellung/gender-care-gap/indikator-fuer-die-gleichstellung/gender-care-gap-ein-indikator-fuer-die-gleichstellung-137294

86 https://www.sueddeutsche.de/projekte/artikel/gesellschaft/midlife-crisis-glueckskurve-alter-tipps-wechseljahre-sheila-de-liz-e745002/

87 https://www.bpb.de/kurz-knapp/zahlen-und-fakten/soziale-situation-in-deutschland/158603/altersarmut/

88 https://www.andrewoswald.com/

89 https://www.zeit.de/2021/05/aelter-werden-glueck-zufriedenheit-leben-philosophie/komplettansicht

90 https://www.zeit.de/2021/05/aelter-werden-glueck-zufriedenheit-leben-philosophie/komplettansicht

91 https://www.spektrum.de/news/alternsforschung-positive-einstellung-zum-altern-haelt-gesund/1885942

92 https://www.pnas.org/doi/full/10.1073/pnas.2315722120

Bibliografische Information der Deutschen Nationalbibliothek

Die Deutsche Nationalbibliothek verzeichnet diese Publikation in der Deutschen Nationalbibliografie; detaillierte bibliografische Daten sind im Internet über http://dnb.dnb.de/ abrufbar.

Print:	ISBN 978-3-68951-015-2	Bestell-Nr. 12082-0002
ePub:	ISBN 978-3-68951-016-9	Bestell-Nr. 12082-0101
ePDF:	ISBN 978-3-68951-017-6	Bestell-Nr. 12082-0151

Vera Schneevoigt
Wir können Zukunft
1. Auflage, September 2024

© 2024 Haufe-Lexware GmbH & Co. KG, Freiburg
www.haufe.de
info@haufe.de

Bildnachweis Cover und Autorenfoto: © Ulrike Frömel

Produktmanagement: Elisabeth Heueisen
Lektorat: Gabriele Vogt